KB129913

MOVE!

MOVE!
Copyright © 2020 by by Caroline Williams
All rights reserved.

Korean translation copyright © 2021 by Woongjin Think Big Co., Ltd.
Korean translation rights arranged with Andrew Nurnberg Associates Ltd. through EYA (Eric Yang Agency)

이 책의 한국어판 저작권은 EYA (Eric Yang Agency)를 통해 Andrew Nurnberg Associates Ltd.와
독점계약한 주식회사 웅진씽크빅에 있습니다. 저작권법에 의하여 한국 내에서 보호를 받는 저작물이므로
무단전재 및 복제를 금합니다.

움직임의 뇌과학

캐럴라인 윌리엄스 지음
이영래 옮김

움직임은 어떻게
스트레스, 우울, 불안의 해답이 되는가

갤리온
GALLEON

움직임과 정신의 긴밀한 연관에 대해
과학이 우리에게 말해주는 것들

하루 종일 두려워하던 순간이 왔다. 수요일 저녁 7시 반, 〈정신을 변화시키는 즉흥 무용〉이라는 강좌에 참석하기 위해 런던 교외의 한 마을을 찾았다. 강좌를 위해 마련된 공간은 초 몇 자루와 꼬마전구가 켜진 어둑한 곳이었다. 발목을 조이는 통 넓은 바지에 머리를 짧게 깎은 중년의 DJ가 이국적인 음악을 틀고 있었고, 한 여자는 바닥을 구르고 있었으며 다른 한 여자는 상상 속 나비를 쫓으며 자유롭게 움직이고 있었다. 두 여자가 갑자기 서로 끌어안았을 때 즈음 나는 최대한 빨리 문밖으로 도망치고 싶다는 생각이 간절했다.

하지만 나는 그렇게 하지 않았다. 밤이 깊어지자 내 몸은 저항을 포기하고 움직이기 시작했다. 드럼 소리가 절정을 향해가는 가운데 DJ는 마이크에 대고 "다 내려놓으세요"라고 속삭였다. 그가 어떤 스위치를 누른 것처럼 갑자기 내가 다리를 움직이는 게 아니라 다리가 나를 움직이고 있다는 느낌이 들었다. 두 발은 놀라울 정도로 빠르게 바닥을 굴렀고 머리는 양옆으로 흔들렸으며 팔은 마구잡이로 움직였다. 멈추고 싶어도 멈출 수 없었다. 나는 그때 활기와 자유와 해방감을 느꼈다.

그날 밤의 일은 움직임이 정신에 미치는 파격적인 영향력을 진지하게 생각해보게 된 계기였으며 새로운 분야에 눈을 뜨게 한 충격적인 사건이었다. 솔직히 말하자면 나는 이런 방식으로 인생을 즐기는 타입은 아니다. 나는 보통 자리에 조용히 앉아 인간 정신의 특성을 다룬 책을 읽고, 생각하고, 글을 쓴다. 집중력 저하나 불안과 우울증 등 어쩔 수 없어 보이는 여러 정신적·정서적 문제를 극복할 과학적 방법은 없는지 관심을 기울이면서 말이다.

그러던 차에 몸이 움직이고 있을 때 정신이 가장 효과적으로 기능한다는 사실을 발견하게 된 것이다. 그러고는 곧 그 이유가 궁금해지기 시작했다. 산책을 하고 나면 뒤죽박죽이었던 아이디어가 몇 개의 문장으로 정리되는 것은 왜일까? 어째서 요가를 하고 나면 하루 종일 머리를 어지럽히던 걱정거리와 거리를 두게 되는 걸까? 뇌과학에서 진화생물학까지 다양한 분야에 몸담은 과학자들이 신체의 움직임이 정신에 영향을 미치는 방식을 연구하기 시작했다. 그들이 발견하고 있는 사실은 과학의 판도를 바꿀 만큼 새롭고 흥미로우며 우리의 건강과 행복에 대단히 중요하다.

대다수 사람들의 움직임이 충분하지 못하다는 사실은 새로운 소식이 아니다. 나도 예외는 아니다. 아침에 개를 산책시키는 한 시간을 제외하면 나는 하루 종일 책상 앞에 앉아 있다. 차를 마시기 위해 부엌을 몇 번 들락거리는 것 외에는 움직이지 않는다. 내 개는 한 번 더 산책을 나갈 기회가 주어질 때가 있지만 아주 운이 좋은 경우다. 나는 가끔 요가를 한다. 하지만 주중 저녁 시간에는 대개 앉아서 시간을 보내고, 이내 침대에서 여덟 시간을 보낸다.

통계를 살펴보면 나의 하루는 결코 특이하지 않다. 요즘 성인들은 일상생활 중 평균 70퍼센트를 가만히 앉아 있거나 누워서 보낸다. 우리는 1960년대의 성인에 비해 30퍼센트 정도 적게 움직인다. 아이들은 자유 시간의 50퍼센트를 앉아서 보낸다. 교실 책상에 구부정하게 앉아 있는 시간을 제외하고도 말이다.[1] 말할 것도 없이 노인들은 더 많은 시간을 정적인 상태로 보낸다. 깨어 있는 시간 중 최대 80퍼센트는 거의 근육을 움직이지 않는다.[2]

인간이 나무늘보의 생활 방식을 선택한 데에는 그만한 이유가 있다. 첫째, 편안하다. 둘째, 우리는 지난 세기의 대부분의 시간을 움직임을 불필요하게 만드는 기술을 발명하는 데 사용했다. 지구상의 거의 모든 생물들과 달리, 인간은 음식과 즐거움 그리고 짝을 찾기 위해 몸을 움직일 필요가 거의 없는 상황에 이르렀다. 대부분의 일은 앉은 채로 가끔씩 엄지손가락만 움직이면 해결할 수 있다.

하지만 수많은 기술을 만들어낸 두뇌를 가진 스스로를 뿌듯해하는 사이, 우리는 중요한 것을 잃었다. 두뇌는 생각하기 위해 진화한 것이 아니라 우리를 움직이기 위해 진화했다. 위험한 상황에서 도망치고 보상을 좇기 위해서 말이다. 감각, 기억, 감정과 앞일을 계획하는 능력에 이르기까지의 모든 일은 움직이는 데 도움이 되는 정보를 제공한다. 움직임은 우리가 생각하고 느끼는 방법의 핵심이다. 움직이지 않고 가만히 있으면 우리의 인지 능력과 정서 능력은 심각한 위협을 받는다.

아니나 다를까, 우리가 스스로를 편하게 만들면서 정신에 균열이 드러나기 시작했다. 정적인 생활은 IQ의 하락,[3] 창의적 아이디어의 고갈,[4] 반사회적 행동의 증가,[5] 모든 연령과 계층의 사람들에게 영향을 주는 정신질환의 급속한 확산[6]으로 이어지고 있다.

여러 연구에 따르면, 대부분의 시간을 앉아서 보내는 사람들은 자존감이 낮아지고, 친사회적 행동이 감소하는 경향이 있다.[7] 또한 몸을 움직이지 않는 시간은 불안, 우울증의 발생과 연관이 있다. 앉아 있는 것과 우울증 중에 어느 것이 먼저인지는 확실치 않다. 하지만 신체 활동이 불안과 우울증 증상을 더는 데 도움이 된다는 것은 널리 알려진 사실이다. 정신질환을 앓을 위험이 있거나 정신질환을 앓고 있는 사람에게 정적인 생활 습관이 이상적이지 않다는 것은 누가 봐도 분명하다.

앉아 있는 자세는 인지 능력에도 영향을 준다. 오랜 시간 앉아서 생활하는 습관은 주의력, 기억력, 계획 능력의 적이며 창의성을 억제한다. 핀란드가 어린 학생들을 대상으로 한 최근의 연구는 앉아서 보내는 시간과 2년간의 수학 및 영어 성적 사이의 상당한 관련성을 보여준다. 남학생의 경우에는 특히 더했다.[8] 문제는 어린 나이에 시작된다는 것이다. 이때 아무런 조치도 취하지 않는다면 몸을 움직이지 않는 건 일생의 습관이 된다.[9]

또한 정적인 생활은 노화를 앞당긴다. 여러 연구가 차에 앉아서나 TV 앞에서 두세 시간을 더 보낸 중년의 사람들이 활동적인 사람들보다 더 빠르게 정신적 예리함을 잃는 것을 발견했다. 우리는 규칙적인 운동이 알츠하이머병 위험을 28퍼센트 낮춘다는 사실도 알고 있다.[10] 최근의 추정에 따르면, 전 세계적으로 알츠하이머병 환자의 13퍼센트는 정적인 생활을 했던 것으로 나타났다. 또한 앉아 있는 시간을 4분의 1로 줄이면 전 세계적으로 100만 개 이상의 새로운 질병 진단을 막을 수 있다. 앉아 있는 시간을 얼마나 줄이는지는 중요치 않다. 중요한 것은 더 많이 움직일수록 두뇌는 장기적으로 당신에게 고마워할 것이란 점이다.

사람들이 전반적으로 게을러지고 있는 경향을 생각하면, 정적인 생활 방식이 사람들의 IQ에 영향을 줘서 인류 전체의 지능을 떨어뜨릴 수 있다는 점은 놀라움을 넘어 충격을 안긴다. 사람들이 IQ 테스트를 시작한 이래, 최근까지 전 세계 국가의 IQ 점수는 10년에 평균 3점씩 상승했다. 1980년대에 이를 처음으로 언급한 뉴질랜드 출신의 심리학자 제임스 플린James Flynn의 이름을 따서 이런 추세를 플린 효과Flynn Effect라고 부른다.[11]

그러나 1990년대 중반부터 플린 효과는 감소하기 시작했고,

2000년대 초부터는 10년에 몇 점씩 IQ 점수가 낮아지고 있다.[12] 일부 연구자들은 지능이 낮은 사람들이 자녀를 더 많이 낳는 경향이 있기에 시간이 흐르면서 국가 평균 지능이 낮아졌다는 주장으로 이 현상을 설명했다.[13] 세계적 이주의 증가 탓이라는 의견을 내놓는 이들도 있다. 유입된 외국인들이 IQ 테스트 문제를 제대로 이해하지 못했다는 것이다.[14] 하지만 최근 노르웨이의 연구는 이런 설명이 타당하지 않다는 것을 분명하게 보여준다. 연구자들은 수십 년에 걸쳐 같은 가족 구성원의 IQ를 추적함으로써 가족의 세대 변화에 따라 IQ가 하락하고 있다는 사실을 발견했다. 이는 유전자를 변화의 원인으로 볼 수 없다는 것을 의미한다. 진화는 그렇게 빨리 일어나지 않는다. 지능과 같이 하나의 유전자가 아닌 여러 개의 유전자로 변화를 설명해야 하는 복잡한 특성은 특히 더 그렇다. 그런 변화는 환경 변화가 이유일 가능성이 훨씬 높다.

위의 주장들이 모두 틀렸다면 움직임이 미친 영향 때문일 수도 있다. 움직임의 부족은 최근 라이프스타일의 유일한 변화가 아니다. 하지만 앉아 있는 상태로의 타락이 서구에 제한되지 않고 전 세계 사람들 모두에게 상당한 기간 동안 영향을 미친 중요한 변화인 것만은 틀림없다. 2012년의 한 연구는 1960년대부터 미국, 영국, 중국, 인도, 브라질 사람들을 대상으로 일, 레저, 가정생활, 여행과 관련된 신체 활동의 양을 비교했다. 연구팀이 관찰한 모든 지역에서 신체 활동은 하락세였다. 여가 시간뿐만 아니라 항상 말이다. 가장 빠른 하락은 1990년대 중국과 브라질에서 일어났다. 이는 주로 일과 가정의 변화에 기인한 것으로 여겨진다. 육체노동이 사무 업무에 자리를 내주고, 가정용 기기가 일상의 잡무를 품이 적게 드는 일로 바꾼 것이다. 인도만이 대세를 거스르는 것으로 보였다. 적어도 2012년에는 그랬다. 하지만 이미 인도에서도 앉아서 보내는 시간이 늘어나는 징후를 보여주고 있다.[15]

고강도 운동의 함정

매일 부지런히 헬스장에 들르는 사람이라면 지금쯤 의기양양해졌을 것 같다. 하지만 함정이 있다. 우리가 움직임을 이야기할 때 떠올리는 운동, 그러니까 내내 앉아 있다가 잠깐 시간을 내어 진지하게 임하는 운동으로는 상황을 만회할 수 없다. 뇌 영상 연구는 기억에 연관된 뇌 영역과 사람이 앉아서 보내는 시간 사이에 상관관계가 있다는 것을 보여준다. 하루 중 어느 시간에 고강도 운동을 하는지는 관계가 없다. 운동 직후에 기분과 집중력이 상승하는 것은 사실이지만, 점심시간에 한 시간 동안 스피닝 수업에 죽기 살기로 매달리는지 여부는 대세에 영향을 미치지 않는다. 점심시간 이전과 이후 네 시간 동안 가만히 앉아 있는 시간의 영향은 사라지지 않는 것이다.

사실 '운동 폭식'은 움직임의 핵심을 놓치고 있다. 운동 전문가인

케이티 보먼^{Katy Bowman}은 자신의 책 『무브 유어 DNA^{Move Your DNA}』에서 이 점을 정확히 지적한다. 그는 단시간의 급격한 운동 또는 특정 근육을 공략하는 운동을 두고, 식이 문제를 해결하려고 비타민 보조제를 먹는 것과 비슷하다고 말한다. 도움은 되겠지만 결코 당신을 정말로 건강하게 만들어주지는 않는다는 것이다. 보먼이 "영양가 높은 움직임^{nutritious movement}"이라고 부르는 것이 부족한 상태에서 벗어나게 해주지도 못할 것이다. 보먼은 움직임이 정신에 어떤 영향을 주는지 깊이 있게 다루지는 않는다. 하지만 나는 영양가 높은 움직임은 신체의 건강만큼이나 (혹은 그보다 더) 우리의 정신, 인지, 정서 건강에 중요하다고 말하고 싶다. 인간 특유의 방식으로 몸을 움직이게 되면, 우리는 우리 주위와 내면의 세상 모두를 인간 특유의 방식으로 생각하고 느끼고 지각하게 된다.

기존의 상식과 달리, 사고는 우리 머릿속에서 비롯되는 것이 아니며, 감정을 유발하는 유일한 길도 아니다. 어떤 종류의 신체 움직임은 우울증에서 만성 통증에 이르는 모든 것과 연관된 현대의 골칫거리 '염증'을 줄이는 데 도움을 준다. 불안감을 줄이고 본능적인 자신감을 불어넣는 방식으로 뇌와 몸 사이의 스트레스 경로를 차단하는 움직임도 있다. 적절하게 움직이면 신체는 뇌를 이고 다니는 고깃덩어리가 아닌 뇌의 연장이자 동등한 파트너가 된다.

내가 이렇게 자신 있게 말할 수 있는 이유는 많은 과학자들이 신체 그리고 신체와 정신의 관계를 생각하는 방식을 바꾸고 있기 때문이다. 과학이 정신에 관한 이야기에서 신체를 무시했던 오랜 세월을 지나 신체는 이제 주인공이 되었다. 수십 년 동안 대부분의 사람들은 오로지 뇌만이 정신을 변화시킨다고 믿었다. 신체가 누르고 돌리고 펌프질 하고 거르는 등 우리를 살아 있게 하는 고된 일을 하는 동안, 뇌는 머릿속에 홀로 고고하게 앉아 있다고 생각했다. 이제 우리는 알게 되었다. 뇌의 전기적 활동에 비교하면 그리 대단치 않아 보일지 모르지만, 사실 신체의 기능은 정신을 변화시키는 데 두뇌의 기능만큼이나 핵심적인 요소다.

다음 부분에서 보게 될 것처럼, 우리를 살아 있게 하는 고된 일에는 신체의 여러 기관, 그들을 연결하는 파이프와 전선, 그들 주변과 사이를 움직이는 체액 간의 엄청난 커뮤니케이션이 포함된다. 이런 커뮤니케이션은 우리 사고의 방향을 정하고, 우리가 느끼는 방식에 영향을 끼친다.

이런 새로운 견해에서 뇌는 색다른 역할을 맡는다. 저명한 심리학자 가이 클랙스턴Guy Claxton 따르면, 뇌는 모든 생각과 결정의 주 조정자나 결정권자라기보다는, 신체와 정신 간의 대화를 주최하는 일종의 '대화방' 역할을 한다. 그는 "여기에 모여든 수많은 요소가 커뮤니케이션을 통해 하나의 계획에 합의한다"라고 말한다.[16] 뇌는 결정권자가 아닌 조력자로서 주요한 화두를 꺼내고, 모두가 의견을 내놓고 공동의 행동 계획을 만들게 한다.

'행동'은 여기에서 중요한 단어다. 행동에 움직임으로 가는 연결고리가 있기 때문이다. 움직임의 힘은 움직임이 우리가 이런 신체와 정신의 대화방에 들어갈 수 있게 하고, 대화의 분위기를 좀 더 낮게 한다는 데 있다. 이 책의 목표는 우리가 가진 가장 최신의 과학을 이용해 새롭게 부상하는 움직임이라는 다이얼과 레버를 소개하고, 그들이 어떻게 작용하는지 알리는 것이다.

나는 신체와 정신을 잇는 생리, 신경, 호르몬 연결을 연구하는 과학자들뿐 아니라 이론을 실천으로 옮겨와 그 가치를 입증하며 영감의 근원이 되는 많은 사람들을 만나보았다. 춤을 추며 난독증을 극복한 심리학자, 달리기를 하며 마음을 괴롭히는 짐을 털어낸 마라토너, 정신력과 회복력을 위해 공중제비를 넘는 스턴트맨…. 과학은 데이터를 제공해주었고, 이들은 내가 당장 어떻게라도 움직이게 만들었다. 똑똑해지고 싶고, 우울한 기분을 떨치고 싶고, 삶에 대한 통제력을 갖고 싶은 당신에게 과학은 단 한 문장의 메시지를 전한다. "지금은 앉아 있을 때가 아니다!"

CONTENTS

CONTENTS

I

우리는 움직이기 위해 진화했다

멍게는 제법 유유자적한 삶을 산다. 올챙이를 닮은 멍게의 유생은 어리고 힘이 넘칠 때 바다를 헤엄치고 다니다가 경치 좋은 바위를 찾으면 휴식을 위해 자리를 잡는다. 바위에 일단 달라붙은 녀석은 성체(관이 두 개 있는 둥근 통 모양)로 변태를 시작한다. 그러고는 남은 평생을 거기에 눌러앉는다. 고무로 된 작은 백파이프같이 한쪽 관으로 물을 천천히 빨아들였다가 다른 관으로 내뱉으면서 말이다.

평생에 걸친 이런 느긋한 휴식에는 값비싼 대가가 따른다. 어린 멍게에게는 매우 단순하지만 뇌가 있고, 꼬리까지 이어지는 신경삭도 있다. 멍게는 이 신경삭을 이용해서 헤엄치면서 살기 좋은 장소를 물색하고, 거기까지 이르는 움직임을 조정한다. 하지만 일단 바위에 닿으면, 멍게는 머리를 바위에 찰싹 붙인 후 거의 모든 신경계를 소화해버리고, 다시는 그 어떤 의사결정도 하지 않는다.

'일회용 뇌'라는 이 흥미로운 사례는 우리가 대체 왜 신경계를 갖고 있는지에 관한 힌트를 준다. 콜롬비아 출신의 저명한 신경과학자 로돌포 이나스Rodlfo Linás는 이 사례를 근거로 동물이 애초에 뇌를 진화시킨 것이 생각하기 위해서가 아니라 움직이기 위해서라는 주장을 폈다. 위험에서 멀어지고 편안한 삶이 가능한 곳으로 움직이기 위해 뇌가 진화했다는 것이다. 움직임이란 계획 없이는 시도할 수 없을 정도로 너무나 위험한 활동이라는 것이 이나스의 생각이다.[1]

멍게는 생물 진화의 한 시점을 엿보게 해준다. 생물이 신경계를 통해 혹독한 생존 과정에서 살아남을 확률을 조금이라도 높일 수 있는지 실험해보던 때를 말이다. 신경계를 가동하려면 비용이 많이 든다. 우리의 뇌가 체중에서 차지하는 비중은 2퍼센트에 불과하다. 그러나 뇌는 신체의 전체 에너지 중 20퍼센트를 사용한다. 이 상황에서 멍게는 이런 답을 내놓는다. "뇌에 투자하는 것이 가치 있는 때는 움직일 때뿐이다!" 그 이후에는 뇌가 그다지 필요치 않다. 움직임이 더는 필요하지 않은 환경에서라면, 사고는 낭비일 뿐이다. 이에 뇌와 신경계 전체가 재활용 쓰레기 신세가 되어버린다.

진화의 과정이 '뇌 구조를 유지할 것인가'라는 양 갈래 길 앞에서 망설이고 있을 때, 대부분의 동물 종들은 생존하는 내내 뇌를 유지하고, 거기에서 더 나아가 뇌 구조에까지 막대한 투자를 하기로 선택했다. 그 이래로 사고와 움직임은 발맞춰 진화했다. 인간의 뇌를 뇌 발달 과정의 정점이라고 할 수 있을까? 전혀 그렇지 않다. 생물의 뇌는 각자의 삶의 방식에 따라 적응을 해왔다. 그러나 투자의 측면에서 보자면 인간의 뇌는 분명 극단적인 사례다. 우리의 뇌에는 가장 가까운 친척인 침팬지보다 세 배나 많은 뉴런이 있다. 860억 개의 뉴런과, 뉴런 사이를 연결하는 100조 개의 시냅스가 있는 인간의 뇌는 우리가 아는 그 어떤 물질보다 복잡하다.

우리의 뇌가 이렇게 된 주된 이유는 대뇌피질에서 찾을 수 있다. 인간의 경우 두뇌의 주름진 바깥쪽 피질이 다른 유인원에 비해 유난히 크다. 주름이 생긴 것은 피질의 크기가 커지면서 나타난 자연스러운 결과다. 처리 능력이 점점 늘어나면서 피질의 면적은 넓어졌다. 이렇게 늘어난 피질을 두개골에 집어넣는 유일한 방법은 꼬깃꼬깃 접어서 밀어 넣는 것뿐이다. 개나 고양이, 침팬지처럼 피질의 면적이 좁은 다른 종들은 접힌 부분과 주름이 우리 인간보다 훨씬 적다. 생쥐나 쥐, 마모셋을 비롯한 일부 종의 뇌에는 주름이 전혀 없다. 그들의 뇌는 껍질을 벗긴 생닭처럼 매끈하다.

인간의 대뇌피질이 사고의 새로운 방식을 찾는 도전에 대응하면서 커졌다고 생각하는 사람들이 있다. 복잡한 사회생활에 적응하고, 사냥감이 어디에서 나타날지 예상하고, 어떻게 잡을지 궁리하느라 피질이 커졌다는 것이다. 그들에 따르면, 인간은 큰 두뇌를 이용해서 식량을 조리하는 방법을 알아냈고, 조리를 하면서 더 많은 열량을 얻을 수 있게 되자 뇌는 더욱 커졌다. 이 모든 것이 더해져서 유달리 큰 피질이 만들어졌고, 이를 통해 우리는 계획을 세우고, 머릿속에서 과거와 미래를 이동하며, 여태 존재하지 않던 것들에 관한 생각을 떠올릴 수 있게 되었다는 것이다.

어느 정도 일리 있는 이야기다. 하지만 이 이야기는 움직임의 영향을 완전히 무시하고 있다. 새로운 이론은 이 이야기에 아주 중요한 내용을 추가한다. 앞을 내다보는 사고가 발달한 것이 머릿속의 추상적 연산 작용이 필요해서가 아니고, 움직이는 새로운 방법을 만들어내야 하는 진화의 압력 때문이라고 말이다. 이런 시각에서 인간이 가진 뛰어난 정신 능력의 시작점을 찾으려면 진화 역사의 훨씬 앞쪽, 그러니까 인간의 아주 먼 조상이 돌아다닐 새로운 방법을 찾아야 했던 때까지 거슬러 올라가야 한다.

브래키에이션

2,500만 년 전, 유인원과 인류의 공통 조상은 원숭이의 진화 계보에서 갈라져 나왔다. 이 초기 유인원은 사촌 격인 원숭이처럼 나무 위에서 살았지만, 몸집이 더 크고 무겁고 둔해서 항상 나뭇가지에서 떨어질 위험에 시달렸다. 그들은 이 문제를 해결할 매우 합리적인 해법을 찾았다. 작은 원숭이처럼 균형을 잡고 있지는 못하니, 머리 위의 가지를 꽉 잡아 손으로 체중을 지탱하는 시간을 늘린 것이다. 효과가 좋았던 이 전략은 수백만 년에 걸쳐 천천히 진화해, 오늘날의 긴팔원숭이들처럼 팔을 바꾸어가며 빠르게 나무에서 나무로 이동하는 브래키에이션brachiation 능력으로 발전했다.

브래키에이션은 대단히 복잡한 이동 방식이다. 영국 더럼대학교의 진화인류학자 로버트 바턴Robert Barton 교수에 따르면, A지점에서 B지점으로 안전하게 이동하려면 모호한 행동 계획만으로는 부족하다. 안정감 있게 나무 사이를 옮겨 다니려면, 행동의 결과를 정확히 이해하고 움직여야 한다. '손으로 여길 잡고 휙 움직이면 저쪽에 닿고… 저 가지는 내 체중을 지탱하지 못하니까 여기를 잡고…' 이런 일이 가능하다는 것은 공중에 있는 동안 계획을 만들고 수정할 수 있다는 의미다. 바턴은 2014년 발표한 논문을 통해, 이런 새로운 기술을 뒷받침하는 추가적인 두뇌 회로의 발전으로 우리 조상들은 신체적 능력이 향상되었을 뿐 아니라, 뛰어난 정신적 능력의 기반까지 얻게 되었다고 말한다.[2]

엄청나게 빠른 움직임을 책임지는 회로망은 쪼글쪼글한 피질이 아닌 소뇌에서 발견된다. 소뇌는 뇌의 바닥에 매달려 있는 것처럼 보이는 콜리플라워 모양의 작은 영역이다. 초기 유인원들이 나무 사이를 옮겨 다니기 시작할 때쯤, 소뇌는 커지기 시작해서 피질과 비교해 불균형하게 커졌다. 이 추세는 대형 유인원의 진화 내내 계속됐고, 현생인류 쪽으로 갈라진 가지에서는 그 속도가 빨라졌다.

소뇌가 만들어지는 방식은 이런 확장을 상당히 간단하게 만든다. 다른 뇌는 옛날식 전화 교환기의 복잡한 배선을 닮은 듯 보이는 반면, 소뇌는 잘 관리된 포도밭을 연상시킨다. 단정한 뉴런의 열들이 대단히 빠른 입력선과 출력선에 연결되어 있다. 이는 다른 '모듈'

을 복제해서 빠르게 접합시킬 수 있다는 의미다.

진화생물학계에서 이런 발견은 "그게 어떻다고?"라는 식의 반응을 불러일으켰다. 오랫동안 소뇌는 미세한 움직임을 통제하는 일을 한다고 알려졌다. 소뇌가 새롭고 복잡한 움직임을 지원하기 위해 확장된다는 것은 그리 놀라운 일이 아니었다.

그러나 1990년대 말과 2000년대 초에 소뇌에 관한 견해가 바뀌기 시작했다. 소뇌가 사고와 정서적 통제를 위해서도 일한다는 것이 점차 명확해진 것이다. 뇌 영상 실험과 뇌 전체의 뉴런 추적을 통해, 새로운 대다수의 소뇌 모듈이 대뇌피질의 앞부분에 연결돼 있다는 것이 드러났다. 대뇌피질의 앞부분은 앞일을 고려하고, 정서적 반응을 미세하게 조정하는 데 도움을 주는 부분이다. 소뇌의 작은 부분만이 움직임을 만드는 부분과 연결돼 있었으며 나머지는 사고와 느낌을 전문적으로 다룬다는 것으로 밝혀졌다.

바턴의 이론은 브래키에이션이 움직임, 앞을 내다보는 계획, 높은 곳에서 떨어질 가능성에 관한 두려움을 한데 묶으면서, 언어와 수의 규칙을 이해하는 것에서부터 간단한 도구를 만들고, 이야기를 만들고, 달나라까지 갔다가 돌아올 방법을 알아내는 것에 이르는 모든 방식의 연속적 사고가 가능해졌다고 말한다. 그렇다면 브래키에이션은 사회적 의사소통에 실패할 때 느끼는 감각의 기저는 아닐까? 나무 위에서 흔들리거나 떨어지는 느낌은 분명 대화가 갑자기 이상한 방향으로 흐를 때의 느낌과 닮아 있지 않은가?

연속적 사고 능력은 미세한 감각 운동을 제어할 뿐 아니라, 목표에 이르는 연속적인 행동을 예측할 때 특히 유용하다. 예를 들어, 목도리를 짜거나 체스를 할 때 일련의 움직임을 생각하는 능력말이다. 이 능력은 침팬지가 잔가지를 이용해 흰개미를 찾는 움직임의 순서를 알아내는 방법도 설명해준다. 바턴은 "여러 행동을 순서대로 연결해 목표를 이룰 방법을 알아내는 능력은 우리가 세상을 인과적으로 이해하는 기반이 된다"라고 말한다.

인류의 움직임

다른 유인원들은 미래를 계획하는 능력으로 그리 많은 일을 하지 못했다. 하지만 인간은 그 기술로 대단한 일을 해냈다. 그것은 아마도 우리 조상들이 다른 유인원들에서 갈라진 이래 매우 새로운 생활 방식을 채택했기 때문일 것이다. 그들은 나무에서 훨씬 적은 시간을 보내고, 땅에서 먹이를 찾아 먼 거리까지 배회하기 시작했다. 이 새로운 생활 방식에 필요한 신체적·정신적 요구는 진화에 또 다른 변화를 불러왔다. 움직임과 사고의 새로운 방식이 결합되고 연결되면서 종의 생존 기회를 높인 것이다. 결과적으로 신체의 활동성이 두뇌를 최대치로 돌아가게 하는 데 반드시 필요한 조건이 되기 시작했다.

이 시점에서 진화는 최종 결과를 염두에 두고 진행되는 것이 아니라는 점을 기억할 필요가 있다. 우리 신체와 정신이 오늘날과 같은 모습이 된 것은 진화가 인간을 지구상에서 가장 영리하고 자기 인식이 강한 종으로 만들려는 계획이 있어서가 아니었다. 인간이 여기까지 온 것은 우리를 여기까지 데려온 변화들이 처음 나타났을 때, 어느 면에서든 생존에 이득을 주었기 때문일 것이다. 변화가 사라지지 않고 머무르려면 처음부터 유용한 변화여야 했고, 꾸준히 혜택을 제공해야 했다.

용불용설用不用說. 자주 사용하는 기관은 발달하고 그렇지 않은 기관은 퇴화한다는 뜻이다. 이것은 진화의 일반적인 규칙이지만, 움직임에 관한 생리적 반응의 측면에서는 특히 더 그렇다. 우리의 운동 능력은 과거에 이런 시스템들을 얼마나 자극하고 어떤 부하를 주었느냐에 좌우된다. 모든 종이 그런 것은 아니다. 예를 들어, 인도 기러기는 어떤 훈련 없이도 매해 3,000킬로미터를 비행한다. 비행 근육을 더 튼튼하게 만들고 심장의 효율을 높이기 위해 필요한 것은 수개월간의 강도 높은 훈련이 아니라, 그저 계절의 변화와 충분한 음식뿐이다.[3] 인간으로서는 꿈만 같은 일이다. 해가 길어지는 것이 봄이 다가오고 있다는 것뿐 아니라, 여름과 어울리는 탄탄하고 건강하고 늘씬한 몸매가 될 것을 알리는 전조라고 상상해보라!

불행히도 우리의 몸은 그런 식으로 만들어져 있지 않다. 두뇌에도 용불용설이 적용되는 것 같다. 서던캘리포니아대학교에서 인간의 진화를 연구하는 데이비드 라이클렌David Raichlen에 따르면, 이런 특징은 우리 조상들이 하루 종일 나무 위에 앉아서 과일을 따 먹는 유인원과 같은 동물이 되기를 포기하고 탐색에 나선 400만 년 전쯤에 기원한다.

동아프리카의 기후가 이전보다 서늘하고 건조해지면서 열대우림이 삼림과 대초원으로 바뀌고 있었다. 먹이를 찾기가 더 어려워졌고, 조상들은 들판에서 먹이를 찾아 더 멀리까지 갈 수밖에 없었다. 이런 환경에서 진화는 똑바로 서서 먼 거리를 걷거나 달리며 먹이를 찾는 종의 손을 들어줬다.[4]

먼 거리를 걷고, 가장 좋은 먹이를 발견할 수 있는 방법을 찾고, 본거지로 돌아올 수 있는 길을 기억하는 등 지능적인 결정을 내릴 수 있는 종은 생존해서 자신의 유전자를 물려줄 확률이 훨씬 더 높았다. 약 260만 년 전, 채집 기술에 수렵 기술이 더해지자 일어서서 생각할 수 있는 능력이 더 중요해졌다. 이제 우리 조상들은 더 넓은 땅에서 머리를 써가며 먹이를 구해야 했을 뿐 아니라, 자신들보다 몸집이 큰 먹이보다 앞서 생각하고 그들을 쓰러뜨려야 했다. 더 멀리 걸어야 하고 더 나은 생각을 해야 한다는 두 가지 선택의 압력이 인간 종 특유의 진화 이력에 결합됐다.

그 결과, 활동을 할 때 두뇌가 용량을 늘리도록 우리의 생리가 고정됐다고 라이클렌은 말한다.[5] 공간 탐색과 기억에 관여하는 '해마'는 신체 활동에 반응해서 새로운 세포를 더하고, 뇌 속 기억 은행의 용량을 늘린다. 먹이 찾기나 사냥을 위해 용량이 추가된 경우, 확장된 용량이 유지될 가능성은 더 높아진다.

반면에, 기억 은행의 용량을 늘릴 필요가 없으면 두뇌는 에너지 절감을 시작한다. 꼭 필요하지 않은 구조를 없애고, 사용하지 않는 용량은 제거해서 에너지 예산을 환수하고, 그것을 더 필요한 곳으로 돌리는 것이다.

이 모든 것의 결과로, 가까운 유인원 친척은 느긋하게 앉아서 소일을 하고 꼭 필요할 때가 아니면 움직이지 않아도 됐다. 게으름으로 인한 신체적·정신적 영향이 없기 때문이다. 그러나 인간의 형편은 그렇지 못했다. 수렵·채집인 특유의 생존 문제는 정신 능력의 활동 수준에 달려 있었다.

이제 앉아 있는 것은 건강한 신체와 정신을 원하는 인류의 선택지가 아니다. 조상들이 나무에서 과일을 먹고 사는 삶을 포기했을 때 이미 주사위는 던져졌다. 그렇다면 우리는 얼마나 많이 움직여야 할까? 탄자니아 북부에 사는 현대의 수렵·채집인인 하드자 부족의 여성은 하루에 약 6킬로미터를 걷고, 남성은 약 11.5킬로미터를 걷는다. 이것을 우리 몸이 어느 정도의 활동을 하도록 진화되었는지를 가늠할 지침으로 삼는다면, 걸음은 두뇌를 온전하게 기능하도록 하는 필수 조건임을 알 수 있다. 이 점이 마음에 들지 않는다면 이런 안타까운 선택을 한 호모 에렉투스Homo erectus를 탓할 수밖에.

긍정적으로 보면, 움직임과 사고를 연결한 진화적 압력은 움직임을 기분 좋게 느끼게 하는 원인이기도 하다. 그 유명한 엔도르핀의 양을 늘려 활동을 수월하게, 심지어는 쾌감으로 받아들이게 하고, 지치기 시작했을 때도 활동을 계속하도록 북돋우는 것이다. 반대로 인간이 움직이지 않고 소파에 붙박이로 지내며 여과 섭식 동물(물을 여과해 작은 먹이를 걸러 먹는 동물 -옮긴이)과 같은 삶을 산다면 어떨까? 어렵게 얻은 두뇌는 쓸모없는 덩어리가 되어버릴 것이다.

하지만 겁에 질리기에는 아직 이르다. 인간은 적응의 동물이다. 우리에게 필요한 것은 적응력을 이용해 소파에서 엉덩이를 떼고 일어나 움직이는 것이다. 사소한 움직임이 얼마나 기분 좋은 일인지 느껴보라.

인간의 특수성

움직임, 사고, 감정 이야기의 마지막 부분은 진화의 역사에서 특정 지점을 콕 집어 말하기가 좀 더 어렵다. 우리는 우리 머릿속에서 벌어지는 일을 눈으로 볼 수 없기 때문이다. 하지만 우리는 그 일이 분명 일어났다는 것을 알고 있다. 어느 시점엔가 우리는 마음속에서도 움직일 수 있게 되었다.

다른 종에게도 이런 능력이 있는지에 관해서는 논란이 많다. 일부 종이 앞날을 생각하는 듯이 보인다는 증거가 있기는 하다. 2009년 스웨덴 푸루빅 동물원에서 산티노라는 이름의 침팬지가 조용히 돌을 쌓는 모습이 목격되었다. 그러다가 산티노는 쌓아둔 돌을 방문객

들을 향해 던졌다. 매우 계획적인 공격으로 보이는 행동이었다.[6] 마찬가지로 덤불어치는 음식을 숨겨뒀다가 나중에 먹는다. 덤불어치에게 평범한 먹이를 먹이다가 가끔 더 흥미로운 먹이를 주자, 좋은 먹이를 나중(아마도 다시 평범한 먹이가 배급되는 때)을 위해 저장해두는 모습이 관찰됐다.[7] 이 행동을 앞을 내다보는 사고의 증거로 보는 사람도 있지만, 나중에 자신에게 필요할 것을 예비해두는 일임을 입증하지는 못한다고 주장하는 과학자들도 있다. 동물과 대화하는 법을 찾아내기 전까지는 누구도 확실히 알 수 없는 일이다.

그렇지만 우리는 인간이 과거를 되새기고 미래를 계획한다는 점을 정확히 안다. 일어난 적 없는 일을 상상하고, 머릿속으로 과거와 미래를 오가며, 과거로부터 교훈을 얻고 미래를 계획하는 능력은 인간의 특수성이다. 로돌포 이나스는 인간의 생각을 "움직임이 진화를 거치며 내면화된 것"이라고 말한다. 이나스의 관점에서는 사고와 움직임이 기본적으로 동일하다. 유일한 차이는 움직임에는 외부 세계에 실현되는 최종 단계가 있다는 점뿐이다.

이 능력의 장점은 명백하다. 움직임과 달리 사고는 눈에 보이지 않으며 위험 요소가 없다. 우리는 목숨을 걸거나 큰 위험을 감수하기 전에 마음의 눈으로 세상을 탐험하고, 시도해보고, 새로운 정보를 근거로 계획을 바꿀 수 있다. 감정도 비슷하다. 감정의 핵심은 적절하지 않은 어떤 것을 바꾸는 행동을 취하도록 하는 데 있다. 움직임의 과정이 외부에 드러나기 전에 마음속에서 시작될 수 있다면 천적이나 경쟁자보다 한 수 앞설 수 있다.

흥미롭게도 1960년대부터 이루어진 실험들은 신체-정신 시스템이 우리 마음에서 작동하려면, 그 시스템이 미리 실제 세계의 움직임을 통해 훈련돼야 한다는 것을 보여준다. 두 마리의 새끼 고양이를 작은 회전 벨트에 묶어두고 실행한, 시각 인식에 관한 고전적 (하지만 마음이 불편한) 실험이 있다.[8] 고양이들은 벨트에 묶여 끊임없이 회전한다. 두 고양이의 눈에 보이는 풍경은 똑같은 연구실의 모습이다. 유일한 차이가 있다면, 한 마리는 발을 바닥에 대고 있어서 앞으로 걸어가면서 벨트를 조종할 수 있다는 점이다. 다른 한 마리는 발이 상자 속에 있어서 바닥과 접촉이 없고 벨트의 회전을 통제할 수 없다. 이렇게 몇 주를 지낸 후 고양이들은 풀려났다. 발로 벨트를 움직일 수 있었던 고양이는 문제가 없어 보였다. 정상적인 시야로 전혀 문제없이 움직였다. 다른 한 마리는 사실상 시력을 잃었다. 장애물을 피하지 못하고 방 안을 안전하게 다니지 못했다. 과학자들은 새끼 고양이가 어릴 때부터 외부 세계의 변화에 몸의 움직임을 연결시킬 수 없었던 탓에, 눈이 보는 것을 이해하는 법을 배우지 못했다는 결론을 내렸다.

인간의 경험

물론 연구실 밖에서는 움직임과 내적 경험이 자동적으로 연결되며 점차 강해진다. 강해진 내적 경험은 세상 속 우리의 위치와 행동이 경험에 어떤 영향을 미치는지 풍부하게 이해하게끔 도와준다.

이 과정은 인간 의식의 근본적 미스터리, 어째서 우리 마음속에만 다양한 감각적 경험이 존재하는 것인가의 문제도 설명해줄지 모른다. 우리가 장미 향기를 맡거나 석양을 바라볼 때의 감정을 생생하게 떠올리거나 사랑하는 누군가를 껴안았을 때의 따뜻하고 포근한 느낌을 떠올릴 수 있는 까닭은 무엇일까? 이런 상상의 경험은 마치 우리 머릿속에 있는 것같이 느껴진다. 하지만 파리 데카르트대학교의 심리학자 J. 케빈 오리건 J. Kevin O'Regan 은 이런 경험이 우리가 몸을 움직이고, 세상과 신체적으로 상호작용하며 시작된다고 지적한다.[9] 감각은 신체 경험에서 빠져나와 증폭되고, 정신의 고리를 계속 돌면서 점점 더 강화된다. 이 이론은 한 줄의 글에서 여러 감각을 느끼고, 예술 작품에 감동하는 우리의 풍부한 상상력이 어디에서 오는지 알려준다. 이는 움직임과 세상 사이의 상호작용을 외부 세계에서 분리해, 사적으로 향유할 수 있는 곳으로 보내는 데에서 비롯된다.[10]

요컨대 앞일을 계획하고, 우리가 어디에 있으며 무엇을 하고 있는지 기억하고, 미래를 상상하고, 깊은 감정을 느끼는 인간으로서의 경험 자체가 세상을 헤쳐 나가는 우리의 움직임에 밀접하게 연관되어 있다는 것이다. 움직임은 정신이라는 개념 자체에 필수적이다.

몸 안의 정신 vs 정신 안의 몸

이 책 속의 생각은 상당히 격렬하게 진행되는 과학적·철학적 논쟁과 연관돼 있다. 정신이란 실제로 무엇이며 어디에 존재하는가의 문제 말이다.

인지과학자의 관점에서 정신은 두뇌의 구성체다. 이들의 주장에 따르면, 뇌는 일종의 '주 컴퓨터' 기능을 한다. 뉴런과 신경계의 다른 세포들은 하드웨어 역할을 하고, 정신이라는 소프트웨어가 그 하드웨어에서 구동된다. 이 관점에서 볼 때 신체는 시스템에 인풋을 제공하는 원천이다. 무슨 일이 벌어지는지 알아내고, 그에 관해 어떤 일을 할지 결정하는 것은 뇌의 영리한 알고리즘에 달려 있다.

아마도 대다수의 사람들이 신체가 강력한 두뇌의 명령을 따른다는 개념을 받아들이고 있을 것이다. 대중문화에도 이러한 인식이 반영되어 있다. 이제 고전이 된 영화 〈매트릭스〉에서는 지능을 가진 기계들이 인간을 캡슐에 넣어두고, 뇌에 가상현실을 직접 투사하며 키운다. 주인공 네오가 쿵후를 배워야 한다면? 문제없다. 쿵후를 가르치는 프로그램이 존재하니까.

그러나 체화된 인지embodied cognition(몸을 통해 느끼고 경험한 감각이 인지의 일부분이 된다는 것을 이르는 심리철학 용어-옮긴이)를 연구하는 사람들의 생각은 다르다. 그들은 뇌를 주 컴퓨터로 보지 않고, 몸 전체는 물론 주변 환경까지 아우르는 훨씬 큰 네트워크에 속한 하나의 '마디'로 여긴다. 이 견해에서는 네오의 뇌가 쿵후에 관해 얼마나 많이 아는지는 전혀 중요치 않다. 실제 쿵후를 하면서 움직임을 배우지 않았다면, 회전 벨트에 묶인 불쌍한 새끼 고양이처럼 그가 배운 것을 행동으로 옮길 가망은 없다.

신체는 우리가 일반적으로 인정하는 것보다 많은 것을 알고 있다. 우리에겐 고유수용감각, 즉 몸이 어느 공간에 있다는 암묵적 지식이 있다. 덕분에 우리는 다른 물건에 부딪히지 않고 움직이고, 따로 생각하지 않고도 몸의 균형을 잡으며, 공이 얼굴로 날아오면 반사적으로 손을 내밀어 공을 잡을 수 있다. 고유수용감각을 통해 우리는 본능적으로 우리가 어디에 있는지, 어떻게 움직이고 있는지, 우리 몸이 어디에서 시작하고 어디에서 끝나는지 알고 있다.

이보다 더 불가사의한 내부수용감각이 있다. 이것은 신체 내부의 생리적 상태를 감지하는 능력이다. 쉽게 말해 우리 몸에서 지금 무슨 일이 일어나고 있는가에 관한 감각이다. 우리 몸은 우리의 생명 작용을 안전하고 살기 적합한 범위 안에 두기 위해 수많은 생리 다이얼을 밤낮없이 조정한다. 항상성homeostasis이라고 불리는 이 끊임없는 수정 작업은 심박수, 혈당 수치, 수분 평형 등을 관리하는 여러 시스템을 통해 이뤄진다. 변화 중에는 가슴이 뛰는 것과 같이 우리가 의식하는 게 있는가 하면, 그렇지 않은 것들도 있다. 서던캘리포니아대학교의 신경과학자 안토니오 다마지오Antonio Damasio에 따르면, 이들은 우리의 정신에도 똑같은 영향을 준다.

의식적이든 무의식적이든 항상성이라는 지속적인 프로세스는, 자아에 관한 감각과 '이 감각이 지금 어떤 경험을 하는가'를 이해하는 데 중심이 된다. 항상성과 내부수용감각을 통해서 우리는 자신이 초조한지 침착한지 피곤한지 목이 마른지 간식이 필요한지를 안다. 내부수용 능력은 사람마다 다르며, 자신의 상태를 잘 느낄수록 휴식을 취하거나 좋지 않은 직감이 드는 사람에게서 멀어지는 등 균형을 찾기 위한 조치를 취할 가능성이 높아진다.

뇌가 전혀 관여하지 않는다고 말하는 게 아니다. 분명 뇌는 우리의 정신적 생활에 중요한 역할을 한다. 다만 '체화된 인지'의 관점에서는 뇌가 명령을 내리기 위해 존재한다고 생각하지 않는다. 뇌는 내부 경험의 여러 가닥을 종합해서 전체 시스템이 그들을 이해할 수 있게 하기 위해 존재한다. 귀 바로 위, 뇌의 주름 중 하나에 자리하고 있는 뇌섬엽은 특히 중요한 역할을 하는 것으로 보인다. 내부수용 메시지를 고유수용 메시지와 결합하고, 감각을 통해 들어오는 정보와 결합한다. 이로써 신경과학자 버드 크레이그Bud Craig가 "포괄적인 정서적 순간"이라고 부르는 것, 즉 '지금 나는 어떤 느낌인가?'의 감각이 만들어진다."

당신은 어디에 있는가?

물론 이 의견들은 의식적인 정신이 실제 무엇으로 만들어져 있는지, 어디에 있는지, 지적하거나 응시하려 할 때 어떤 모습으로 보이는지에 관한 논란을 종식하지 못한다. 17세기에 프랑스 철학자 데카르트는 (뇌를 포함한) 신체는 물리적인 것이지만, 정신은 눈에 보이지 않고 측정할 수 없는, 전혀 다른 것으로 만들어졌다고 선언했다. 그러고는 이 문제에 대한 답을 찾기를 포기했다. 그 이후 이것이 일반적인 합의로 이어진 이유는 정신이 '물질'로 만들어져 있다고 하더라도 우리가 그것을 정량화하는 방법을 여전히 찾지 못했기 때문이다.

많은 신경과학자와 철학자 그리고 사실상 가장 오랫동안 이런 사상을 지켜온 불교학자들은 우리가 정신이라고 믿는 것이 사실 환상이라고, 그 환상은 몸과 뇌를 떠도는 메시지들을 '자아'라고 한데 묶으면서 우연히 나타난 부작용에서 비롯되었다고 생각한다.

체화된 인지적 접근법은 우리의 의식적 자아가 신체의 감각적 경험 그리고 그것이 세상과 가지는 상호작용에 근거를 두었으며, 그들과 묶여 있는 존재라고 본다. 근간에 신경학자들은 이런 내용을 모아 통합된 설명을 만들어냈다. 정신이 외부 세계와 우리 몸 안에서 무슨 일이 일어날지 예측하고, 다이얼을 조정하기 위한 조치를 취하는 지속적인 과정의 결과라는 것이다. 그러므로 세상 안에서 움직이고 세상과 상호작용하는 것은, 뇌가 진실이라고 생각하는 것을 이해하는 가장 좋은 방법이다.

바로 이 부분에서 움직임의 중요성이 드러난다. 몸을 움직이는 것은 고유수용감각을 바꿀 뿐 아니라, 몸의 내적 상태 변화를 통해 감각에서 들어오는 정보와 내부수용감각에도 연쇄적인 영향을 미친다. 움직임은 우리가 받아들인 정보를 바탕으로 '바로 지금 나의 감정'에 관한 감각을 남긴다.

이 책의 나머지 부분을 아주 간결하게 요약하면 바로 이런 내용이다. 움직이는 방법을 자기 관리의 한 방식으로 이용해 신체적·정신적 기능을 향상시키는 것은 전적으로 가능하다. 당신의 자아가 머릿속에 살면서 눈을 통해 밖을 내다본다고 믿든 자아가 뇌를 비롯한 몸 전체에 분배되어 있다고 믿든 자아라는 것이 전혀 없다고 믿든 그런 것은 문제가 되지 않는다. 진실은 뇌, 몸, 정신이 하나의 훌륭한 시스템의 일부라는 점이다. 그리고 그것들은 움직일 때 모든 면에서 더 나은 작용을 한다.

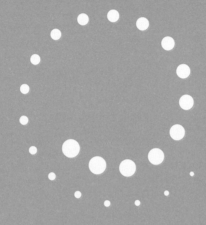

2

걷기는 어떻게 창의력을 높이는가

찰스 다윈은 생각해야 할 것들이 많았다. 1842년 여름, 그는 측량선 비글호를 타고 5년 넘게 이어졌던 항해에서 돌아온 참이었다. 다윈은 금세 '생명의 나무(다윈 진화론의 핵심 개념을 그린 그림-옮긴이)'의 첫 스케치를 마쳤다.[1] 하지만 런던의 소음과 소란함, 불어가는 가족들 때문에 그는 새로운 생물 이론을 만들기는커녕 제대로 생각조차 하기 어려웠다.

다윈의 해법은 움직이는 것이었다. 그것도 한 가지가 아닌 여러 가지 방법으로. 그는 영국 교외의 조용한 곳으로 이사했다. 아이들이 서재가 아닌 다른 곳에서 놀 수 있게 하기 위해서였다. 이사 후 그는 집 주변에 400미터 길이의 자갈길을 만들고, '생각하는 길'이라는 이름을 붙였다. 이 길은 얕은 경사가 진 목초지를 지나, 그늘진 숲을 통과해 돌아오게 되어 있었다. 다윈이 마침내 진화 이론을 만들어낼 마음의 여유를 찾은 것은 이 길을 하루에 네다섯 번씩 오가면서였다. 오늘 나도 아들, 아들 친구와 생각하는 길을 걸었다. 두 아이가 유튜브에서 본 영상에 관해 낄낄대며 느릿느릿 따라오는 것을 보니 다윈의 고통이 고스란히 느껴졌다

다윈이 좀 더 명확한 사고를 통해 진화 이론을 만들 수 있었던 건 오로지 평화롭고 조용한 환경 덕분일까. 오늘날 움직임에 관해 새로 부상하는 과학 연구들은 그 이상을 말하고 있다. 걷기의 힘에 관해서다. 걷기는 우리의 심리와 생리 모두에 매우 특별한 영향을 줄 수 있는 도구임이 입증되고 있다. 이런 변화는 우리가 생각하고 느끼는 방식을 뒤바꿀 수 있다.

걷기와 사고가 연관되어 있다는 소식은 전혀 새롭지 않다. 프리드리히 니체에서 버지니아 울프, 빌 게이츠, 스티브 잡스까지 여러 세대의 천재들이 '걸으면서 하는 사고'의 중요성을 주장했다. 하지만 그것이 어떻게, 왜 그렇게 좋은 효과를 내는지는 지금에서야 발견되고 있다.

더 중요한 것은 과학이 다양한 방법의 걷기가 가져오는 정신적 효과를 밝히기 시작했다는 점이다.

조금 우스꽝스럽다고 생각할지도 모르겠다. 걷는 법을 배워야 할 성인이 도대체 어디에 있단 말인가? 하지만 진화생물학, 생리학, 신경과학 분야의 연구들은 인간이 현재에 이르게 된 것은 대부분이 걷기, 또 약간은 뛰기 덕분이라고 말한다. 충분히 걷지 않는 습관은 우리의 정신과 정서를 위태롭게 한다. 연구자들은 정적인 생활 습관

이 창의적 아이디어의 부족, 정신 건강의 악화 등을 가져온다고 말한다. 우리가 이미 잘하고 있음에도 걷기를 배워야 하는 이유다.

걷기와 사고가 밀접한 관련이 있다는 첫 번째 증거는 인간의 진화 과정에서 비롯된다. 수렵과 채집을 발명하기 전 우리의 조상들은 하루의 대부분을 앉아서 보냈다. 앉아서 보통은 과일, 가끔은 덩이줄기를 씹는 게으름뱅이였던 것이다. 이들은 하루에 평균 3,000~5,000보 정도를 걸었을 것이다. 요즘의 우리와 크게 다르지 않은 걸음 수다. 하지만 우리와는 달리, 이들에게는 걷기의 부족이 어떤 피해도 가져오지 않았다. 이들의 생리가 이 수준의 활동에 적절하게 맞춰져 있었기 때문이다.

하지만 시간이 흐르면서 기후가 바뀌었다. 숲이 사바나로 변하자 이전처럼 먹이를 찾기가 어려워졌다. 우리 조상들에게는 먹거리를 찾기 위해 더 멀리 돌아다니는 것 외에 다른 선택지가 없었다. 몇몇 영리한 조상들이 수렵과 채집을 생각해냈다. 수렵과 채집은 생존하는 데 좋은 아이디어로 입증됐다. 이는 진화가 먼 거리를 걷고 달리는 것에 적응한 이들에게 유리했다는 의미다. 우리는 움직이도록 진화했다. 좋든 싫든, 오늘날까지 모두가 이런 유전자를 갖고 있다.

인간의 진화를 연구하는 데이비드 라이클렌과 그의 동료인 애리조나대학교의 진 알렉산더Gene Alexander는 2017년, '적응력 모델'이라고 부르는 것을 통해 진화의 역사와 두뇌 사이의 관계를 설명했다. 둘 사이에 연관성을 만든 건 이들이 최초였다.

우리는 이미 수십 년 동안 신체 활동이 기억력과 주의력 등 두뇌 건강과 인지 기능을 향상시키고, 우울증과 불안의 위험을 줄이는 방법이라는 점을 알고 있었다. 인간이 이렇게 진화한 데에는 그만한 이유가 있다.[2]

수렵과 채집은 단순한 신체 활동 이상이다. 맛있는 먹거리가 길을 지나다가 발에 걸려 먹기 좋게 드러눕기를 바랄 수는 없다. 비교적 왜소한 인간의 체격으로는 힘을 이용해 큰 동물을 쓰러뜨릴 수도 없다. 필연적으로 인간의 수렵은 숙련된 기술을 요하는 '정신적 작업'이 됐다. 먹이를 추적하고, 허점을 찌르고, 다음 움직임을 예측하는 한편, 팀으로 움직이고, 시간에 주의를 기울이고, 위험에 대비하고, 집으로 가는 길을 기억해야 하는 작업 말이다. 채집 또한 마찬가지다. 좋은 식량을 어디서 찾을 수 있는지 기억하고, 인간을 먹이로 삼으려 하거나 먹이를 훔쳐 가려는 다른 동물들보다 앞서 생각해야 한다.

결과적으로 우리는 움직이면서 동시에 생각하도록 진화했다. 이렇게 하지 않으면 우리의 두뇌는 용량을 줄여서 에너지를 절감해야겠다는 분별 있는 결정을 내린다. 그러나 안심하라. 일어서서 움직이면 두뇌는 기민함을 유지하고, 이내 학습할 준비를 갖출 것이다.

기름칠이 잘 된 기계

기름칠이 잘 된 '두뇌'라는 기계를 이용하는 건 그리 어렵지 않다. 진화는 일어서서 움직이는 행위가 정신 건강과 연결되는 여러 가지 디자인을 만들었다. 우리 대부분은 더는 수렵과 채집을 하지 않지만, 우리가 달성하려는 목표가 무엇이든 두뇌 시스템은 여전히 수렵과 채집에 맞춰 돌아간다.

왜 그럴까. 유력한 이유는 신체와 정신이 연결되는 '인간 맞춤형 디자인'의 특징에 있다. 행복감을 느끼는 호르몬인 엔도르핀과, 러너스 하이runner's high(중강도 이상의 운동 후에 맛보는 행복감-옮긴이) 등 운동에서 비롯되는 만족감에 연결되는 호르몬인 엔도카나비노이드endocannabinoid가 그것이다. 라이클렌의 실험도 있다. 그는 인간을 '달리기를 무척 좋아하는 개', '달리기에 그리 흥미가 없는 담비'와 비교해서 설명했다. 엔도카나비노이드 신호 전달의 측면에서, 우리는 앉아서 지내는 담비보다 달리기 좋아하는 개와 훨씬 공통점이 많았다.[3]

새로운 사실들이 몇 가지 더 있다. 우리 발에 내장형 '압력 센서'가 있다는 사실을 누가 알았겠는가? 이 센서는 박동하는 심장과 협력해 뇌에 더 많은 혈액을 보낸다. 딕 그린Dick Greene이라는 엔지니어가 발견한 사실이다. 텍사스 유전에서 오랫동안 일했던 그는 1970년대부터 '신체의 배관'으로 관심을 옮기기로 결심했다. 당시 사람들은 혈관이 직경을 조절해서 혈류를 일정하게 유지하고, 뇌 혈류가

급하게 변화하는 것을 막는다고 생각했다. 때문에 움직이고 있는 근육에 혈액을 더 많이 보내도 뇌는 평소와 다르지 않다고 여겼다. 거기에는 그만한 이유가 있다. 혈액이 지나치게 적으면 조직은 산소 부족으로 죽고, 혈액이 지나치게 많으면 부은 뇌가 신경 조직을 두 개골 쪽으로 밀어붙이니까 말이다.

그러나 그린은 사람이 움직일 때 뇌 혈류량이 크게 달라질 거라고 생각했다. 목 경동맥의 혈류를 측정한 결과, 모든 형태의 유산소 운동은 뇌로 향하는 혈류를 단기적으로라도 20~25퍼센트 정도 늘렸다.

결정적으로, 그는 체중을 모두 발에 실으면 혈류가 더욱 증가한다는 것을 밝혀냈다. 2017년, 그린은 발에 체중을 실으면 발의 대동맥이 눌려서 혈액의 난류가 증가하고, 뇌 혈류량이 10~15퍼센트 늘어난다고 보고했다.

이렇게 증가한 혈액이 순간적으로 두뇌 활동을 활발해지게 하는지, 톱니에 윤활유를 바르듯이 장기적인 효과를 낳는지에 관해서는 그린의 팀이 아직 연구하고 있다. (2020년에 그린은 걷고 뛰는 건강한 사람들의 혈압과 혈류를 측정하는 연구를 계획했으나 코로나19의 발생으로 무기한 보류되었다.) 그러나 그린은 심장박동과 동기화되는 발걸음의 리듬에서 유의미한 결과를 찾아냈다. 그린의 실험에서 심박수가 약 120bpm, 걷는 속도가 분당 120걸음이 될 때 혈류가 가장 크게 늘어났다. 심박수에 맞춰 걸으면 뇌 혈류가 꾸준하게 증가하는 것으로 보인다. 그린은 이

것이 활기 넘치는 걷기가 쾌감을 가져오는 이유와도 관련이 있으리라고 생각한다.

과학자들은 뇌 혈류량을 늘리기 위해 일어서서 움직여야만 하는 이유를 증명하고 있다. 한 마디로 요약하면 '중력'이다. 좀 더 구체적으로는 우리가 뼈에 체중을 실을 때 일어나는 생리적 변화 때문이며, 그 변화가 우리 정신에 미치는 영향 때문이다.

우리는 뼈를 '몸을 지탱하는 말라빠진 하얀 막대기' 정도로 생각하는 경향이 있다. 하지만 실제로 뼈는 끊임없이 성장하고 분해되는 살아 있는 조직이다. 우리가 이 사실을 알게 된 건, 우주인, 그리고 오랫동안 아파서 누워 있는 사람들을 관찰하고 나서다. 우주인과 누워 있는 환자의 경우, 일어서고 움직이기 위해 끊임없이 중력과 싸워야 할 필요가 없다. 그 결과 이들은 골 질량이 빠르게 줄어들었다. 더는 필요치 않은 뼈를 분해하는 세포는 뼈를 만들고 수리하는 세포보다 열심히 일한다. 뼈 건강이 두뇌 건강과도 연관이 있다는 것은 널리 알려져 있지 않은 사실이다. 여러 연구가 골다공증에 걸려 골 질량이 줄어들면, 인지력이 저하될 위험이 높아진다고 말한다.[4] 우주인들 역시 우주에서의 활동 이후 단기적인 인지 문제를 겪는 것으로 보인다.

이 사실에 관해 더 알아보기 위해, 나는 신경과학계의 전설적 인물인 에릭 캔들Eric Kandel에게 인터뷰를 요청했다. 그는 뇌가 기억을 저장하는 방법의 분자적 기반을 발견한 공로로 노벨생리의학상을 받았다.

우리는 2019년 10월, 어느 화창한 날 뉴욕에서 만났다. 캔들의 90세 생일을 일주일 앞둔 때였다. 캔들은 여전히 '기억'이라는 주제에 흥미를 느꼈지만, 기억을 잘 유지하며 여생을 보내는 쪽으로 관심의 초점을 옮긴 상태였다. 캔들의 나이를 고려하면 놀라운 일도 아니다. 내가 보기에 그는 기억 유지 연구의 효과를 톡톡히 보고 있는 것 같았다. 그는 콜롬비아대학교의 제롬L.그린사이언스센터에서 주 5일 동안 일했고, 집에서 연구실까지 4킬로미터를 걸어 다녔다. 과학에 대한 그의 열의는 그 어느 때보다 환하게 불타고 있었고, 움직임과 기억 사이의 관계를 다룬 최근 연구에 관해 이야기 나누기를 기대하고 있었다.

"저는 걷는 것을 아주 좋아해요." 그가 내게 말했다. "걷기에 관련된 저술들을 읽으면서 뼈가 내분비샘이고, '오스테오칼신'이란 호르몬을 분비한다는 사실을 알게 됐어요. 그러다 실험 동물에게 오스테오칼신을 주입하는 실험을 했고, 이것이 기억을 증진하며 여러 지적 기능을 강화한다는 것을 발견했죠. 내가 시간을 낭비하지 않았다는 걸 알았어요."

그가 읽고 있던 논문은 콜롬비아대학교에 몸담고 있는 다른 과학자의 것이었다. 그가 일하는 연구소에서 몇 킬로미터 떨어진 유전·발달학부에서 일하는 제라드 카젠티^{Gerard Karsenty}. 그는 1990년대부터 뼈의 유전학 연구를 해왔다. 카젠티는 뼈가 다른 장기들과 달리, 칼슘을 축적하면서 단단해지는 이유를 밝히려 노력했다. 카젠티가 생각한 주요 원인은, 골아세포(새로운 뼈의 구축을 책임지는 세포)에서만 분비되는 오스테오칼신의 유전자였다. 오스테오칼신은 뼈 형성 과정에서 분비되기 때문에 뼈를 물리적으로 강하게 만드는 역할을 하는 것 같았다.

더 자세한 이야기를 듣기 위해 카젠티의 사무실에 들렀을 때 그는 사실 오스테오칼신은 그런 일을 전혀 하지 않는다고 말했다. "저는 뼈의 비밀을 밝혀내게 되리라고 생각하고 있었습니다." 그는 어린 시절의 꿈을 그리워하는 듯한 모습으로 회상했다. "그런데 정작 뼈는 오스테오칼신이 있는지 없는지에는 관심이 없었어요."

오스테오칼신이 부족하게끔 유전자 조작을 한 쥐의 골격은 전자현미경으로 관찰해도 아주 건강해 보였다. 하지만 곧 문제가 있다는 것이 드러났다. 처음에 쥐는 유달리 유순했다. 손으로 만질 때도 도망치려 하지 않았고, 집어 올려도 물려고 하지 않았다. 한자리에 앉아서 그저 될 대로 되라는 태도를 유지했다. 새로운 곳을 탐색하기보다는 어두운 구석에 숨으려 하는 등 정상적인 쥐보다 불안 행동을 많이 보였다.

오스테오칼신이 부족한 쥐들은 쥐의 기억력을 측정하는 데 최적의 실험으로 여겨지는 '모리스 수중 미로 테스트'에서 탈락했다. 이 실험에서 과학자들은 깊은 수조 안에 잠겨 있는 발판을 찾도록 쥐들을 훈련시킨다. 쥐들이 발판을 찾는 법을 확실히 학습하면 실험이 반복된다. 다만 이때의 물은 훈련 때와 다른 탁한 물이다. 이를 통해 안전을 찾는 방법을 기억하는지 확인하는 것이다. 건강한 쥐들은 발판을 아주 쉽게 찾는다. 하지만 오스테오칼신이 부족한 쥐들은 실험 때마다 수조를 정처 없이 헤엄치는 멍청한 모습을 보인다. 하지만 카젠티가 오스테오칼신을 혈액에 주입하자 문제가 사라졌고, 쥐들은 평균적인 쥐들만큼 똑똑해졌다.

카젠티의 연구실에서 이루어진 20년간의 연구는 뼈가 형성되는 동안 오스테오칼신이 분비되는 이유를 알려줬다. 오스테오칼신은 우리의 신체를 강하게 만들기 위해서가 아니라 혈액을 통해 뇌에 메시지를 전달하기 위해 분비된다. 이 과정은 일반적으로 기억을 책임지는 부위인 해마의 특수 수용기를 통해 이루어진다. 오스테오칼신이 없으면 이러한 소통이 일어나지 않는다. 쥐의 경우에는 해마와 다른 뇌 영역이 정상보다 작아지며 연결성이 떨어진다.

물론 쥐는 인간이 아니다. 하지만 카젠티는 이런 결과가 인간에게도 적용된다는 확신을 갖고 있었다. "뼈는 진화 과정에서 가장 마지막에 나타난 기관입니다. 쥐의 뼈에는 있지만 인간 뼈에 없는 유전자는 없습니다. 따라서 쥐에게서 발견한 현상이 우리를 잘못된 길로 인도할 가능성은 극히 낮죠." 카젠티의 말이다.

인간을 대상으로 이루어진 연구는 아직 많지 않다. 하지만 수행된 연구들은 중년 이후 저조한 인지 테스트 성적과 낮은 혈중 오스테오칼신 수치 사이의 연관성을 시사하고 있다. 최근 한 연구는 알츠하이머병 환자들의 오스테오칼신 수치가 특히 낮다는 것을 발견했다. 캔들과 카젠티 모두 인간을 대상으로 한 후속 연구를 진행하고 있다. 카젠티는 신경퇴행성 질병 환자의 오스테오칼신 수치를, 캔들은 기억과 혈액 내 오스테오칼신 수치 변화 사이의 관계를 연구하고 있다.

혈액 내 오스테오칼신의 양은 성인 초기에 최고치에 이른다. 나이 든 사람들에게는 맥이 풀리는 소식이겠지만 여성은 약 30세, 남성은 약 45세부터 감소하기 시작한다. 캔들은 이것을 중년 이후 뼈에 체중을 싣는 일이 필수적이라는 신호로 받아들인다. 캔들은 이렇게 말한다. "움직이는 일은 필수적입니다. 나이가 들수록 그 중요성은 더 커지죠."

오스테오칼신 수치를 유의미하게 높이려면 얼마만큼 운동해야 할까. 이는 아직 알려지지 않은 사실이다. 카젠티는 우리 중 대부분이 오스테오칼신과 관련된 문제에 직면한다고는 생각하지 않는다. "30세 이후부터 매일 운동을 한다면, 오스테오칼신은 늘어날 겁니다. 하지만 그 정도로 운동하는 사람이 많지는 않을 것 같군요." 카젠티의 말이다. 게다가 그의 말에 따르면, 오스테오칼신은 몇 시간 늘어났다가 나이에 따른 기준치로 되돌아간다. 카젠티는 오스테오칼신을 알약 형태도 복용하는 게 기억을 유지하는 더 나은 방법일 거라고 말하며 움직임이 적은 사람에게 특히 더 그렇다고 덧붙였다.

오스테오칼신 부족으로 위험에 처하는 건 기억력만이 아니다.

오스테오칼신은 근육과도 소통한다. 우리가 신체 활동을 할 때, 근육에 필요한 에너지를 더 많이 내놓으라고 지시하는 것이다. 사실 오스테오칼신은 신체에 생각할 시간이자 움직일 시간이라고 동시에 말해주는 다목적 호르몬이다. "움직임은 근육을 필요로 하는 '생존 기능'이지만, 그와 동시에 어디로 가야 하는지 알아내는 '인지 기능'입니다. 이 두 기능은 서로 연결되어 있습니다." 카젠티는 말한다.

우리의 뼈가 골격 형성은 물론, 기억과 움직임을 다루도록 진화한 이유는 무엇일까. 카젠티는 그 모두가 위험에서 도망치도록 하기 위해 진화한 전략의 일부라고 생각한다. 카젠티의 연구팀은 뼈의 오스테오칼신 분비가 자율신경계의 투쟁-도주 반응의 핵심 부분이라는 것을 최근의 쥐 연구를 통해 보여주었다. 두뇌가 위험 신호를 보내면, 뼈에서 혈류로 오스테오칼신이 분비된다. 오스테오칼신은 혈액을 통해 순환하면서 신체를 도망에 적합하게 활성화한다.[5]

오스테오칼신을 통한 기억력 증진 역시 생존을 위한 것이다. 오스테오칼신은 나중을 위해 위급 상황에서의 교훈을 기억하도록 돕는다.

여담으로, 오스테오칼신을 늘리는 또 다른 방법이 있을 수도 있다. 어린 쥐의 혈액에 늙은 쥐의 건강과 지적 능력을 높이는 힘이 있다는 것은 이미 알려진 사실이다. 2016년 암브로시아^{Ambrosia}라는 실리콘밸리의 신생 업체는 30세 이상의 성인들에게 16~25세 사람들의 피를 수혈하기 시작했다. 그들의 피는 1인당 8,000달러에 판매되

었다.[6]

2016년부터 2018년까지 이 회사는 사내 임상 실험을 진행했다. 회사의 주장에 따르면 이 실험으로 피를 받은 30여 명의 실험 대상자에게서 암, 알츠하이머, 염증과 관련된 혈액 검사 지표가 감소했다. 이 주장은 어떤 과학 저널에도 발표되지 않았으며 회사는 실험에 사용된 방법(참가자들이 실험 참여를 위해 8,000달러를 지급했고, 대조군이 없다) 때문에 큰 비난을 받았다. 2019년 2월, 미 식품의약국은 민간 기업의 혈장 수혈에 관해 "젊은 기증자 혈장 투여의 임상적 이점을 보여주는 잘 제어된 연구가 존재하지 않으며, 안전상의 위험이 따른다"고 경고했다.[7] 암브로시아는 그 직후 시술을 중단했으나, 2019년 말부터 젊은 기증자에게서 직접 혈액을 받는 대신, 혈액은행의 비축분으로 수혈을 다시 시작했다.[8] 하지만 혈액은행 비축분의 경우, 혈액이 젊은 기증자에게서 나왔다는 보장이 없다. 미국혈액은행연합에 따르면, 미국 내 헌혈자의 평균 연령은 3세~50세이며 기증자의 16퍼센트는 65세 이상이다.[9]

학계에서는 젊은 사람의 피가 인간에게도 정말 같은 효과가 있다면, 그 비밀 성분이 무엇인가를 두고 혼란이 이어지고 있다. 적어도 쥐의 경우에는 오스테오칼신이 그 답일 수 있다는 것이 카젠티의 추측이다. 늙은 쥐에게 오스테오칼신이 '없는' 젊은 피를 주입할 경우, 젊음의 영약은 마법을 발휘하지 못한다.

그렇다면 나이가 많이 든 사람들도 뼈에 체중을 실으면 기억력을 유지하고 기분을 낮게 하는 데 도움이 될까. 뼈에 무게를 싣는 것이 좋다면 발목에 모래주머니를 달거나 무게를 늘리는 운동 기구를 들면 효과가 더 좋을까. 확실한 것은 알 수 없다. 하지만 모든 것을 고려했을 때 행복하고 건강한 노년이 뼈에 달려 있다고 생각하고, 중력에 순응하지 말고 그것과 싸우는 것이 현명한 처사일 것이다. 실제로 그럴 수 있다는 증거가 점점 많아지고 있기 때문이다.

걷기와 달리기

생리학은 잠시 접어두자. 걷기와 달리기가 정신 건강에 도움이 되는 또 다른 이유가 있다. 걷기는 세상으로 향하는 창을 일시적으로 변화시킨다. 걷든, 달리든, 자력으로 또는 다른 방법으로 움직이든, 당신이 문자 그대로 '어딘가에 이른다'는 사실은 피할 수 없다. 그리고 이것은 진보의 감각으로 이어진다.

마커스 스코트니Marcus Scotney는 약 25년 전 이 감각을 접했다. 마커스는 청소년 시절 내내 우울증으로 고생했다. 그는 언덕을 향해 달리고, 정상에 오르고, 다른 편으로 내려오는 것이 기분을 낮게 만드는 유일한 방법이라는 것을 발견했다. 또한 마커스는 그 일에 매우 재능이 있었다. 현재 40대 중반인 마커스는 전문 울트라 마라톤 선수이자 코치이며, 2017년에는 '드래곤스백레이스'에서 우승했다. 이 경기는 5일에 걸쳐 웨일스의 산맥들을 가로질러 302킬로미터를 달리는 경기로, 마커스는 40시간 안에 코스를 완주하며 신기록을 세웠다.

우리는 찌는 듯이 더운 8월의 어느 날, 피크 디스트릭 깊숙한 곳에 있는 주차장에서 만나기로 약속했다. 일종의 동창회였다. 마커스와 나는 다섯 살부터 열여덟 살 때까지 학교를 함께 다녔다. 특별히 친한 사이는 아니었지만, 학교에서 그리 인기가 없는 사람들(내 경우에는 곱슬머리에 키가 작았고, 그의 경우에는 빨강 머리에 너무 말랐다) 사이에는 결코 사라지지 않는 결속감이 존재한다. 우리는 오랜만에 만나 진한 포옹을 나눴다.

나는 그날 달리기를 하지 않기 위해 생각할 수 있는 모든 변명을 했지만 그에게는 통하지 않았다.

"마커스, 난 널 인터뷰해야 하는데 달리면서 동시에 이야기를 할 수가 없어."

"달리면서 이야기를 할 수 없다면 너무 빨리 뛰고 있는 거야."

"우리 보폭이 전혀 다를걸."

"사실 난 보폭이 상당히 좁아."

우리가 만난 날, 그는 '울트라트레일몽블랑'을 준비하기 위해 훈련 강도를 낮추고 있었다. 울트라트레일몽블랑은 알프스를 넘는 170킬로미터 거리의 세계적인 산악 마라톤이다. 그래서 우리는 달리기 대신 등산을 했다.

우리가 마지막으로 만난 후 20여 년 동안 마커스는 꽤나 많은 우여곡절을 겪었다. 학교를 떠난 후 마커스는 여러 가지 중독에 시달렸다. 마약에 손을 댔고, 마약 거래에도 나섰다. 결국 경쟁 딜러에게 피가 터지도록 맞고, 의사 앞에서 자기 몸에 들어왔던 모든 마약을 읊는 굴욕을 경험하고서야 그의 방황이 끝났다. 그는 부모님 집으로 돌아가 정상적인 생활을 되찾았다.

놀라운 사실은 그가 방황하던 시기에도 꾸준히 달리기를 계속했다는 것이다. 피투성이가 되도록 맞은 다음 날, 너무 지칠 때까지 달려서는 안 된다는 의사의 조언에도 이틀에 걸친 산악 마라톤에 참가했다. 턱은 부러지고, 이는 철사로 고정한 채였다.

다음 몇 년 동안 마커스는 비교적 조용한 결혼 생활을 하며 아이들을 키웠다. 처음에는 야외 활동지도사로 일하다가 교회 목사가 되었다. 그는 달리기를 계속했고, 80킬로와 160킬로 레이스에서 영국 대표로 활약했다. 그렇게 달리기 경기에서 최고의 기록을 세웠을 무렵, 개인적인 문제로 신경 쇠약을 겪게 되었다.

성인이 되고 10년 동안의 이야기만 들었을 뿐인데도 지치는 느낌이었다. 마커스의 말에 따르면, 함께 운동하는 사람들 사이에서는 자신의 사연이 별로 특별하지 않다고 한다. "내 이야기 같은 건 울트라 마라톤 세계에선 꽤나 진부한 이야기야. 너무나 많은 사람이 정신적 문제 때문에 스포츠를 시작하거든. 모두가 무엇으로부터 벗어나길 원하지." 마커스는 웃으면서 말했지만, 나는 그가 농담을 한다고 생각하지 않았다.

"오랫동안 달리고 나면 문제에서 멀어진 것 같은 느낌이 들어."
공간을 헤치고 앞으로 나아가는 움직임의 심리 작용이 마커스의 말
을 뒷받침한다. 여러 실험이 문자 그대로 '앞으로 움직이는 것'이 진
전의 감각을 낳으며, 이것이 우리 자신과 삶을 어떻게 느끼는가에
큰 영향을 줄 수 있다고 말하고 있다.

'체화된 인지'의 시조라고 할 수 있는 조지 레이코프^{George Lakoff}와
마크 존슨^{Mark Johnson}에 따르면, 세상에 관한 우리의 '이해'와 이를 묘
사하는 '언어'는 우리 몸의 구조, 그리고 우리가 움직이는 방식과 떼
어놓을 수 없는 관계다. 우리는 성공하는 것을 "정상에 선다"라고
말하고 기분이 나쁜 날은 "저조하다"라고 말한다. 또 삶의 문제를
극복하고 다음 단계로 갈 때 "진전을 이룬다"라고 말한다.[10]

심리학자들은 움직이는 방향이 생각에 영향을 미친다는 점을 발
견했다. 앞으로 나아가는 움직임은 미래에 관한 생각을 고취하는 반
면, 뒤로 가는 움직임은 과거의 기억을 되살린다.[11] 실제적·물리적
움직임일 필요는 없다. 연구실 실험에서는 지원자들에게 앞이나
뒤쪽으로 움직이는 것처럼 보이는 별의 모습을 보여준 뒤, 눈을 감
고 어느 방향으로 움직이는지 상상해보라고 말했다. 그 결과, 그저
상상해보라고 제안하는 것만으로도 생각의 내용을 결정지을 수 있
었다.

우리가 물리적으로 앞으로 나아갈 때는 과거가 더 멀게 느껴진
다는 것이 중요하다. 우울증의 가장 위험한 요소는 과거에 말하고,

행동하고, 경험했던 것들을 과도하게 분석하면서 점점 낙담하게 되는 악순환이기 때문이다. 물리적으로 앞으로 나아가는 것은 과거의 나쁜 일로부터 더 멀어진 것처럼 보이게 만듦으로써 악순환을 멈추게 도와준다.

마커스도 마찬가지였다. "우울증에 시달리는 사람이 '굳이 움직이고 싶지 않아'라고 말하면 사람들은 그들이 그걸 정말 원한다고 받아들이지. 하지만 실제로 우울할 때는 의자에 묶여 있는 것과 비슷해. 환자는 거기에서 벗어나길 원하거든." 마커스가 말했다. "달리기는 '나는 여기 있어. 그리고 저기까지 갈 수 있어'라는 느낌을 줘. 앞으로 나아가는 것은 전진할 수 있다는 사실을 인식할 힘을 주지."

물론 우울증의 문제 중 하나는 의자에 묶여 있을 때, 즉 우울증에 빠져 있을 때는 달리기는커녕 자신을 의자에서 풀어내서 움직일 동기를 찾기가 대단히 힘들다는 것이다. 일부 사람들의 경우, 명상이 움직일 추진력을 줄 수 있다. 최근의 한 연구는 자발적인 움직임의 증가가 항우울제의 효과를 보여주는 좋은 지표라는 점을 발견했다.[12]

우울증이 있는 사람들은 그렇지 않은 사람들과 걸음걸이가 다르다는 연구도 있다. 그들은 좀 더 천천히 걸으며 팔을 거의 움직이지 않고, 구부정한 자세를 취한 채 시선은 바닥을 향한다.[13] 우울증은 걸음걸이에 많은 영향을 주지만, 거꾸로 걸음걸이를 변화시키면 사고의 내용도 바뀌는 것으로 보인다. 여러 실험에서 활기차게 걸은 실험 대상자들은 감정적 어휘의 목록에서 긍정적인 단어를 더 많이 기억했다. 반면, 천천히 걷고 움직임이 적은 사람들은 부정적인 단어를 더 많이 기억했다. 각각 '우울한' 걸음걸이와 '행복한' 걸음걸이로 움직이고 있다는 것을 인식하지 못한 경우에도 말이다.[14]

찰스 다윈의 걷기

찰스 다윈이 성인기 내내 육체적·정신적 건강에 문제를 겪었다는 것은 잘 알려져 있지 않다. 아마도 매일의 일과였던 산책이 그의 건강 상태에 도움을 주었을 것이다. "아버지는 걸을 때면 쇠 장식이 있는 무거운 지팡이로 땅을 짚었습니다. 지팡이가 땅에 닿는 규칙적인 소리는 아버지가 가까이에 오셨다는 것을 알리는 친숙한 소리가 됐죠."[15] 다윈의 아들 프랜시스가 남긴 증언에 따르면, 그는 산악 마라토너 스타일로 활기차게 걷거나, 120bpm에 맞춰 걷지는 않았다. 대신 그는 수염을 쓰다듬으며 생각의 길을 걷곤 했다. 자신만의 세계에 빠져 있는 사람처럼.

'다윈 스타일'로 느릿느릿 걷는 것만으로도 중요하고도 명확한 효과를 얻을 수 있다. 산책은 다윈이 다른 어떤 사람도 하지 못했던 방식으로 생명의 기원을 설명하는 데 도움을 줬을 것이다. 다윈처럼 움직이면서 생각하면 창의적인 아이디어들이 떠오른다는 것을 보여주는 증거가 계속 늘어나고 있다.

창의적인 사고는 인간이 우리만의 것이라고 주장하는 고유의 기술 중 하나다. 하지만 안타깝게도 창의적 사고를 자연스럽게 얻는 사람은 극소수다. 창의적 사고가 가장 많이 필요한 성인기 때는 특히 더 그렇다.

창의적 사고를 하기 어려운 이유는 두 가지다. 하나는 뇌 자체, 다른 하나는 뇌가 몸 전체를 아우르는 '대화방'을 운영하면서 이전 경험을 근거로 다음에 일어날 일을 추측해나가는 방식이다. 이 과정에서 뇌는 다른 신체 부분이 하는 말을 근거로 끊임없이 예측을 업데이트한다. 이 역할을 수행하는 것은 주로 전전두피질이다.

슈퍼마켓에서 재주넘기를 하거나, 회의실에서 부적절한 이야기를 하거나, 빨간 불에 길을 건너고 싶은 충동이 들 때, 끼어들어서 그런 어리석은 짓을 하면 안 된다고 상기시키는 것이 뇌의 이 부분이다. 이것은 모든 상황에서 유용한 기능이며, 우리가 시간을 아끼고, 어색한 상황을 피할 수 있게 해준다. 하지만 단점도 있다. 궤도에서 조금이라도 벗어나는 새로운 아이디어를 차단하는 것이다. 효과가 있을지도 모르는데 말이다.

전전두피질은 성인 초기까지는 뇌의 다른 부분들과 완전히 연결되어 있지 않다. 이는 어린이들이 걷잡을 수 없는 창의력을 보여주거나, 청소년 시기에 충동을 잘 제어하지 못하는 이유를 설명해준다. 하지만 완전히 통합이 이루어지면 전전두피질이 그 악명 높은 '생각의 틀' 역할을 하기 때문에, 거기에서 벗어난 생각을 하기가 훨씬 어려워진다.

그런데 다행히도 어렵지만 불가능하지는 않다. 전전두피질의 활동을 일시적으로 감소시킬 수 있는 것들이 있기 때문이다. 눈치챘겠지만 바로 움직임이다.

여기에 우리에게 유리한 사실이 있다. 빠르지 않은 속도로 자력으로 움직이고 있을 때, 전전두피질의 활동성이 일시적으로 낮아진다는 점이다. 아마도 뇌가 움직임과 방향 찾기에 관련된 회로로 혈류를 재배치하고, '사고'에서 멀어지기 때문일 것이다. 전전두피질은 사고와 기억의 숫자를 가장 실용적이고 확실한 정도로 제한한다. 이 때문에 '틀'을 조금만 헐겁게 만들면 정신이 정처 없이 떠돌게 할 수 있다. 또한 뇌의 '대화방' 안에 있는 조력자가 끼어들어 완벽하게 틀을 갖추기 전에, 새로운 연결을 형성할 수도 있다. 이런 노력을 통해 이전에는 떠올리지 못했을 아이디어를 얻을 수 있다.

전전두피질의 또 다른 임무는 우리의 주의를 특정 목표로 향하게 하고, 해법을 생각하는 동안 그 목표에 주의를 집중하게 하는 것이다. 네덜란드의 사회심리학자 압 데익스테르후이스Ap Dijksterhuis의 연구에 따르면, 특정 문제의 경우 이런 목표 지향적·의식적·직선적 사고는 가장 좋지 않은 의사결정 방법이다.[16] 의식적인 사고는 작업 기억을 사용한다. 우리는 결론을 도출하는 동안 정보를 작업 기억에 보관한다. 그러나 작업 기억은 3~7개 정도의 정보에 제한된다. 이 숫자를 넘어서면 우리는 갈피를 잡지 못하게 된다.

데익스테르후이스는 문제에 작업 기억이 처리할 수 있는 수보다 많은 정보가 있을 경우(다원이 씨름한 문제처럼), 의식적인 사고를 완전히 배제할 때 오히려 더 나은 결정을 할 수 있다고 주장한다. 그의 '무의식적 사고 이론'에서는 주의를 문제에 관한 사고에서 다른 곳으로 돌려야 비로소 무의식적인 사고가 문제 해결에 착수할 수 있다고 말한다. 이런 종류의 사고는 작업 기억이 허락하는 숫자에 제한을 받지 않기 때문에 한번에 훨씬 더 많은 것을 고려할 수 있다. 이후 해법이 드러나면 "아하" 하는 통찰의 순간에 의식으로 답이 들어온다.

실험에서 데익스테르후이스는 지원자들에게 여러 아파트의 세부적인 사항, 장점과 단점을 조사한 후 한 아파트를 선택하라고 청했다. 한 그룹은 최종 결정 전에 3분 동안 주의를 환기시켰고, 다른 그룹은 바로 선택해야 했다. 그 결과 3분간 기분을 전환한 사람들은 바로 문제를 생각한 사람들보다 더 나은 선택을 했다.[17]

모두가 무의식적인 사고가 직접적인 사고보다 낫다는 생각에 동의하지는 않을 것이다. 무의식적인 사고라는 존재조차 믿지 않는 사람들도 있다. 무의식적인 사고의 문제는 그런 사고를 하는 당사자도 그 작용을 눈치채지 못하며, 따라서 측정이 까다롭다는 것이다. 하지만 원인이 무엇이든 잠깐 동안의 전전두피질의 활동 감소는 우리를 우울한 반추에서 잠시나마 벗어나게 해준다. 또한 평범한 해결책보다 비현실적인 사고를 우선함으로써, 창의성을 북돋운다는 탄탄한 증거가 있다. 캔자스대학교의 한 실험을 살펴보자. 이 실험은

'tDCS'라는 두뇌 자극을 사용해 전전두피질의 활동을 일시적으로 멈추게 했다. 그리고 실험 참가자들에게 "일상적인 물건의 새로운 사용법을 생각해보라"는 질문을 던졌다. 그 결과 전전두피질의 활동이 멈춘 사람들은 전보다 창의적인 제안을 두 배나 많이 내놓았다. 아이디어를 제한하는 전전두피질의 틀이 제거되었을 때, 아이디어를 내놓는 속도도 훨씬 빨라졌다.[18]

2016년 캔자스를 방문했을 때 나는 직접 이 실험을 시도해볼 수 있었다. 이 연구의 리더인 에반젤리아 크리시쿠Evangelia Chrysikou가 9볼트 배터리에 연결된 tDCS 기계를 내 뇌에 꽂았다. 그러자 주의가 약간 흐려지면서 곧 아이디어가 쏟아졌다. 다양한 생활용품을 본 나는 어렵지 않게 그것을 사용할 아이디어를 내놓았다. 다트 보드는 신발의 진흙을 떨어내는 데 쓰고, 벨벳 소재의 가방 끈에 코를 푸는 것이 휴지를 이용하는 것보다 위생적일 것이다.[19]

창의력을 위해 꼭 9볼트 배터리를 머리에 연결해야 하는 것은 아니다. 스탠퍼드대학교 연구팀의 최근 연구는 다윈이 100여 년 전 우연히 발견했던 것이 무엇인지를 확인시켜주었다. 걷기가 tDCS 기계와 매우 유사한 효과를 낸다는 점이다.[20] 일련의 실험을 통해 연구자들은 참가자들에게 "친숙한 물건의 색다른 쓰임새를 생각해달라"라고 부탁했다. 실험 과정에서 실험 대상자들은 앉아 있기도 했고, 걷기도 했다. 실내에서 걷기도 했고, 야외에서 걷기도 했다. 그 결과, 앉아 있는 것에 비해 걷는 것이 일상적인 물건의 창의적인 용도를 생각해내는 능력을 60퍼센트 높였다. 걷다가 앉을 경우, 걷기의 효과가 계속돼서 앉은 후에도 잠시 동안 창의력이 높아졌다. 연구자들은 "브레인스토밍 이전의 걷기는 성과 향상에 도움이 된다"라는 결론을 내렸다.

이 연구에서 사람들이 어디를 걸었는지는 문제가 되지 않았다. 트레드밀에서 아무것도 없는 벽을 보며 걷는 것도 야외를 걷는 것만큼 효과가 있었다. 하지만 녹색 공간에서 시간을 보내는 것이 증진 효과를 더욱 높인다는 반대의 증거들도 있다.[21] 또 다른 연구는 자연 속에서 보내는 시간이 주의 집중 능력에 일종의 '리셋' 버튼 역할을 한다고 시사한다. 하지만 어디를 걷든, 걷기를 통해 건강한 정신 상태를 유지하는 것이 가장 중요하다. 건강한 심리 상태에 이르는 가장 효과적인 방법은 편안한 속도로 느긋하게 걷는 것이다.

이런 점들을 고려하면 오늘날 세계의 위대한 사상가들이 심히 우려된다. 문제를 해결할 새로운 방법을 고민하면서 언덕과 계곡을 누비기보다는 책상 앞에 붙어 있는 시간이 많기 때문이다. 요즘은 학자들 중 '걷기를 위한 걷기'를 하는 사람을 찾아보기 힘들다. 최근의 연구에 따르면 산책을 실천하는 사람은 개를 산책시키는 것(선택의 여지가 거의 없는 일)을 포함해서 전체의 17퍼센트라고 한다.[22] 한편, 경제학자들은 해가 갈수록 현장에서 나오는 창의적인 아이디어가 빈약해지는 것 같다고 경고하고 있다. 우연일까? 그럴지도 모른다. 하지만 조사해볼 가치가 있는 문제인 것 같다. 미국에 기반을 둔 비

영리조직인 전미경제연구소는 수십 년에 걸쳐 연구 활동은 매년 늘어나고 있지만, 연구 결과는 부진해지고 있다고 지적했다.[23]

아직 전전두피질이 작고 완벽하게 형성되지 않았기 때문에 지구에서 가장 창의성이 뛰어난 존재인 어린이들조차 우위를 잃고 있는 것 같다. 2011년 윌리엄앤메리대학교의 교육심리학과 교수 김경희는 1990년대부터 2000년대까지의 표준 창의력 검사 점수를 비교했다. 놀랍게도 김경희는 2000년대에 이르며 점수가 눈에 띄게 낮아졌음을 발견했다. 점수 하락은 어린이들 가운데서 특히 두드러졌다. 최근에 업데이트된 이 연구는 그 이후 추세가 더욱 악화되고 있음을 보여주었다. 김경희는 이런 결과를 시험에 집착하는 현대 교육의 탓으로 돌리고 있다. 그는 움직임이 창의성을 강화할 수 있으며, 교육 정책보다 개인의 행동을 변화시키기가 쉽다는 점을 고려할 때, 현대의 라이프스타일 역시 이 문제에 한몫한다고 인정했다.

김경희는 이메일을 통해 내게 "정적인 라이프스타일의 부상이 창의성 약화의 한 요인"이라고 말하면서 활동적인 놀이 대신 TV를 보거나, 스크린 기반의 게임 등 수동적인 놀이가 부상하는 현상이 집과 학교 모두에서 심각한 문제라고 지적했다.

김경희의 견해에 따르면 걷기, 달리기, 이야기를 몸으로 전달하기 등 어떤 종류의 활동을 하는지는 중요치 않다. 움직이는 것은 앉아 있는 것이 결코 할 수 없는 방식으로 아이디어 개발에 도움을 준다. 그는 창의적 사고는 걷기, 달리기, 활동적인 놀이 등 신체 활동을 통해 촉진된다고 주장한다.

서서 움직일 수 있는 사람이라면 가능할 때마다 일어서서 편안하게 느껴지는 속도로 앞으로 움직여라. 이것이 창의성의 위기를 막는 한 가지 방법이다. 걷는 것이 불가능하다면? 혹은 자전거나 카누를 타는 것을 더 좋아한다면? 움직이고 있다는 것을 잊고 마음이 마음껏 돌아다닐 수 있는 정도로 활동한다면, 걷기가 아닌 다른 방식으로의 전진 역시 상당한 도움을 줄 것이다. 이상적으로라면 이런 활동은 정신의 스위치가 꺼지고, 사라졌다가, 새로운 아이디어와 함께 되돌아올 수 있도록 친숙한 장소에서 혼자 하는 것이 좋다. 정말 간단하지 않은가?

요점은 사색의 시간에 떠오르는 아이디어의 질이 사색을 하는 사람의 경험과 기억에 크게 좌우된다는 점이다. 기억은 뇌 네트워크에 광범위하게 분산된다(어떤 이들은 신체에도 분산된다고 주장한다). 하나의 생각이 도미노처럼 바로바로 다른 생각을 불러오는 이유가 여기에 있다.

사람들의 네트워크는 각자 다르다. 그들의 인생 경험이 완전히 다르기 때문이다. 스탠퍼드대학교의 연구진은 "전전두피질이라는 필터를 일시적으로 끄기만 하면 각자가 가진 특유의 지식과 기억 네트워크를 활용해 영감을 얻을 수 있다"라고 말한다. "아하!"의 순간이 오면, 전혀 연결성이 없어 보이는 것들이 극도로 명확한 방식으로 맞아떨어진다. 다른 사람은 생각하지 못할 수밖에 없다. 그들은 당신이 아니니까.

기후 변화, 기아, 전쟁, 세계적인 전염병, 노화, 인구 병목 현상, 자원 고갈 등 세상에는 창의적인 해법을 필요로 하는 문제들이 수없이 많다. 인간이 전념해야 할 일들도 산적해 있다.

차세대 다윈이 될 사람들이 대부분의 시간을 코앞의 스크린을 응시하면서 앉아서만 보낸다면, 자신의 사고 깊숙한 곳까지 헤아리기가 힘들지 않을까. 발걸음을 심장박동과 일치시킬 때 기분이 고조되는 효과, 뼈에서 유래하는 호르몬의 기억을 보호하는 힘, 공간을 헤치고 앞으로 나아가는 움직임이 주는 혜택을 생각해보자. 생각이 필요할 때 조용히 앉아 있는 것이 과연 어떤 도움이 될까.

걷기

- ○ **조금 빠른 속도로 걸어라:** 분당 120보로 걸어라. 약간 빠른 속도는 걸음을 심장박동에 동기화시켜 두뇌로 가는 혈류를 늘린다. 또한 조금 빠른 걸음은 기분을 좋아지게 만든다.

- ○ **앞으로 가라:** 심리학 연구에서는 정신적으로 공간을 헤치고 앞으로 움직이면 과거가 보다 멀리 느껴진다고 본다. 생각의 방향을 미래로 돌리고 과거의 우울한 기억에서 멀어지게 하기 때문이다. 두 발로 걷든, 두 개의 바퀴를 움직이든, 어떤 수단을 이용하든 상관없다. 밖으로 나가 앞으로 움직여라.

- ○ **생각하려면 방황하라:** 자신에게 편안한 속도로 걷거나 달리면 사고하는 두뇌의 스위치가 켜지고, 창의력과 문제 해결 능력이 높아진다. 정신이 마음껏 떠돌 수 있는 상황을 만들어주자.

- ○ **중력을 거스르라:** 뼈에 체중을 실으면 오스테오칼신이 분비된다. 오스테오칼신은 기억력을 높이며, 노년의 두뇌 용량 저하를 막는다. 뼈에 실리는 무게를 늘리기 위해 걸을 때 가방을 준비하는 것도 좋다.

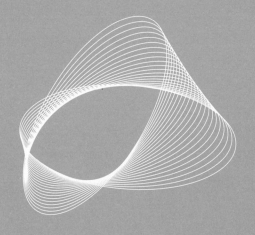

3

근력이 정신력을 만든다

태양의 서커스의 곡예사였던 테리 크바스니크^{Terry Kvasnik}는 평생
이 순간을 위해 훈련해온 것이 아닐까. 세 살에 체조를 시작한 뒤 30
대가 된 지금까지 그는 브레이크 댄스, 무술, 파쿠르를 거치면서 꿈
을 좇는 데 바쳤다. 그가 모페드(엔진이 달린 자전거)를 타고 시속 40킬
로미터로 달릴 때였다. 앞에서 달리고 있던 승용차가 급정거했다.
한순간에 모든 것이 달라질 수 있었던 순간, 테리는 자신이 무엇을
해야 할지를 본능적으로 알았다. 다행히 그는 자신의 몸을 정확히
알고 있었다.

"제 몸이 '내가 책임질게. 넌 물러서'라고 말하는 것 같았습니다."
테리가 말했다. "그냥 알았어요. 텀블링을 해야 되다는 것을요." 테
리는 정말 그렇게 했다. 모페드를 도약대 삼아서 차 위로 몸을 날렸
고, 등으로 구른 후에 모페드의 잔해에서 10미터 떨어진 곳에 두 발
로 착지했다. 그런 후에야 정신이 돌아왔다. '나 지금 여길 뛰어 넘

어서 착지한 거야? 세상에, 이게 무슨 일이야!'

그는 사고 현장에서 걸어 나왔다. 가벼운 뇌진탕 증세와 가슴 연골 파열이 있었고, 무릎을 다쳤지만 살아난 것 자체가 기적이었다. 아이러니하게도 그가 사고를 당했던 로스앤젤레스로 이주했던 것은 스턴트맨 일자리를 찾기 위해서였다. "제 무의식이 사고를 스턴트 상황으로 받아들인 것 같다는 생각이 들어요." 테리는 웃으며 말했다.

물론 테리는 움직임이 대단히 전문적인 사람이다. 하지만 차를 뛰어 넘는 곡예사든 평범한 사람이든, 필요할 때 목숨을 구할 수 있을 정도의 힘과 민첩함을 갖추면 많은 이점이 따른다. 수많은 심리학 연구가 곤란한 상황에서 빠져나오는 신체적 기술을 갖추는 것의 중요성을 말한다. 신체적 기술이 삶이라는 전장에서 싸울 때 우리가 느끼는 정신력과 감정적 회복력에 큰 영향을 미친다는 것이다. 달리 말해, 자기 몸의 주인이 되면 정신의 주인이 될 수 있다.

10대 여성을 대상으로 한 1988년의 한 연구는 12주에 걸쳐 체력을 40퍼센트 증진한 근력 운동이 자신감을 높인다는 것을 입증했다. 근력 운동은 신체적 힘과는 아무런 관련이 없는 사회적 충돌을 해결하는 능력까지 높였다. 이 연구의 대표 연구자로 근력 운동의 열광적인 지지자인 진 바렛 홀로웨이Jean Barrett Holloway는 "자신의 잠재력에 못 미치는 체력으로 살아가며 정신적·정서적인 이득을 놓치고 있는 여성이 많다"라며 안타까워했다.[1]

그 후 30여 년이 흐른 지금, 여성의 체력은 남성을 따라잡기 시작했다. 하지만 이런 좋은 소식은 남성들이 점차 약해진다는 사실 때문에 충분히 주목받지 못하고 있다. 2016년부터 시작된 한 연구는 1985년에 25~35세 학생들의 악력과 비슷한 나이대의 현대 남성들의 악력을 비교했다. 1980년대의 남성들의 악력은 53킬로그램이었던 반면, 밀레니얼 세대 남성들의 악력은 44킬로그램에 불과했다.[2]

다음 세대의 상황은 더 심각해 보인다. 최근 영국의 10세 어린이의 체력이 과거에 비해 눈에 띄게 약해졌다는 것을 발견했다. 1998년 이래 근력은 20퍼센트, 근지구력은 30퍼센트 감소한 것으로 나타났다.[3] 더구나 해가 갈수록 약화의 속도가 빨라지고 있으며, 그 추세는 2008년 이래 가속되고 있다. 당연하게도 그 주범은 정적인 생활의 증가와 체중을 지지하는 활동의 감소다. 유럽의 추세도 영국과 비슷하다.

이것이 문제가 되는 이유는 근력이 모든 면에서 도움이 되기 때문이다. 우선 근력은 건강한 삶을 오래 유지하도록 돕는다. 수십 년간의 추적 연구에 따르면, 근육의 약화는 지방의 양과 유산소 운동에 투자하는 시간과는 상관없이 사망의 원인이 된다.

근력과 건강한 두뇌 사이에도 연관성이 있다. 쌍둥이들에 관한 10년간의 연구는 중년의 강한 근력 그리고 보다 많은 회백질의 양은 더 나은 기억 기능, 더 민첩한 두뇌와도 연관된다는 사실을 입증했다. 또한 전체적인 근력의 지표인 악력은 해마의 건강한 활동에도 영향을 미친다.

이보다 더 중요한 것은 근력이 우리의 기분에 미치는 영향일 것이다. 근력 훈련은 삶을 관리할 수 있다는 느낌을 강화하면서 자존감을 높인다. 또한 신체적·정서적 문제에 대처할 수 있다고 느끼는 데 결정적인 역할을 한다.[4]

의식에 대한 철학을 잠깐 살펴보면 그 원인을 설명할 수 있다. 신경과학자이자 철학자인 안토니오 다마지오에 따르면, 몸이 다룰 수 있는 것에 관한 자체적 평가는 자아에 관한 우리 감각(이 순간 이 몸으로 이 삶을 살고 있는 '나'라는 존재에 대한 느낌)의 군건한 토대가 된다.

이것은 우리 몸의 조직이 차 뒷좌석에 앉은 아이들처럼 절대 입을 다물지 않기 때문이다. 몸은 뇌와 떠들면서 일이 어떻게 돌아가고 있는지를 끊임없이 언급한다. 움직임은 이런 대화를 순간적으로 변화시켜 우리가 생각하고 느끼는 방식에 즉각적인 영향을 준다. 움직임의 힘은 여기에서 그치지 않는다. 근육과 뼈를 강화하는 모든 움직임은 이런 대화의 내용을 장기적으로 변화시킬 수 있다. 자신을 강하게 만드는 움직임은 자신이 누구인지 자신이 삶에서 달성할 수 있는 것이 무엇인지에 대한 감각을 극적으로 변화시킨다.

이 시스템의 일부가 우리가 근골격계라고 부르는 것이다. 이 영역은 움직임에 관여하는 근육, 뼈, 다른 신체 부위의 상태를 두뇌에 업데이트하는 일을 한다. 다마지오는 "적극적 움직임이 없을 때도

두뇌는 근골격계의 상태를 보고받는다"라고 적고 있다.[5]

눈이 세상을 향한 창이라면, 우리의 살과 뼈는 그 정보에 따라 생존에 유리한 방식으로 행동을 취할 수 있게 하는 자동차다. 이 비유를 잘못 받아들여서는 안 된다. 살과 뼈는 전지전능한 정신의 지배를 받는 수동적인 자동차가 아니다. 임무 성공의 가능성을 끊임없이 떠들어대는 수다스러운 녀석이다. 그렇게 보면 우리가 느끼는 방식이 자동차가 녹슬고 삐걱거리는지, 다음 장애물을 돌파할 만반의 준비가 되어 있는지에 크게 영향받는다는 것이 놀라운 일도 아니다.

몸이 쇠약해지도록 그냥 둔다면 근골격계에서는 "뻣뻣하고 허약함. 상당한 개선이 필요함"이라는 메시지를 내놓을 것이다. 심리학자 루이즈 바렛Louise Barrett의 표현대로, 이런 판독 결과는 "이 몸이 세상에서 할 수 있는 일"에 관한 우리의 인식에 바로 반영된다. 그렇다면 앉아 있는 시간이 많은 정적인 라이프스타일이 불안함을 키우고 자존감을 떨어뜨리는 것은 당연한 일이다.[6]

그러나 좋은 소식이 있다. 우리는 몸이라는 자동차를 언제든 업그레이드할 수 있다는 것이다. 근육과 뼈와 체중을 지지하는 조직의 역량을 늘리는 것은, 모든 부분에서 능력이 있다는 실재적인 느낌을 통해 밖으로도 표출된다. 자세와 행동에서 자신감이라는 명확한 메시지를 보이는 것이다. 정신과 신체의 순환 회로가 절대 끊어지지 않는다는 것을 증명하기라도 하듯이, 이런 자세의 변화는 다시 정신 상태에 반영된다. 내부수용감각을 연구하는 덴마크 오르후스대학교의 신경과학자 미카 앨른Micah Allen은 자신의 경험을 근거로, 등산으로 다진 체력이 일상과 일에 큰 영향을 미쳤다고 전한다.

앨른은 등산에서 진전을 이루면서, 삶의 다른 부분에서도 더 많은 능력을 갖고 있다는 감각을 느끼기 시작했다. "이전에는 누군가 만나야 할 일이 있을 때는 겁이 나고 불안했습니다." 앨른이 말한다. "하지만 내 몸이 하는 것을 알고 있다는 자신감이 많은 것을 바꿨습니다."

앨른의 말이 틀리지 않았음을 보여주는 증거들이 있다. 신체 활동을 많이 하는 사람일수록 전반적인 자기 효능감(삶에 대한 통제력이 어느 정도인가에 대한 감각)이 높다는 연구 결과가 있다. 그 영향은 건강한 어린이, 청소년, 성인 누구에게나 똑같이 나타났다. 다른 운동과 비교한 연구에 따르면, 근력 운동이 심혈관 기능 향상 운동이나 균형감, 유연성에 중점을 둔 운동보다 자존감에 빠르고 큰 영향을 준다.

자신감과 통제력은 불안감과 정반대의 감정이다. 사람들은 흔히 불안이 극도의 공포 속에 사는 것이라고 오해한다. 내 경험인데, 불안감은 인생의 문제에 대처할 수 있을지 알 수 없는 안개 속에 있는 듯한 느낌에 가깝다. 체중부하 운동을 불안 치료에 이용한 한 연구는 근력이 강해질수록 자존감이 높아지고 불안 증세가 줄어들며 수면의 질이 개선되는 것을 보여준다.

또한 우울증의 주된 감정은 슬픔이라기보다는 '나는 할 수 없어'라는 흔한 본능적 느낌이다. 여러 연구는 근력 운동이 이 느낌을 줄여준다고 말한다. 근력 운동은 내면의 피드백을 '안 돼'에서 '한번 해 보자'로 바꾸는 데 도움을 준다. 몸이 삶의 시험에 대처할 수 있다는 자신감을 주면서 생각에만 몰입하지 않도록 한다.

이는 우리 사회에서 불안과 우울증의 수준이 높아지는 것과 근력이 약한 사람의 비율이 증가하는 것 사이의 연관성을 의심하게 한다. 이 문제에 관한 학계의 상세한 연구가 없었기 때문에 확신은 어렵다. 다만 정적인 생활 습관이 불안으로 이어지고, 근력 운동이 자존감을 높이고 정신질환 증세를 개선한다는 사실로 볼 때 연구가 필요한 시점이 온 것 같다. 지난 수십 년 동안 서구 사회의 라이프스타일은 우리가 '몸으로 삶의 문제에 대처할 수 있다'는 믿음을 잃게 만들었다. 간단히 말해, 정신 건강의 약화는 소파와 슈퍼마켓을 통해 영위하는 편안한 삶을 위해 우리가 지불하는 대가일 수도 있다.

또한 정적인 삶은 우울증만큼은 아니더라도 사람의 마음을 울적하게 만들 수 있다. 다마지오에 따르면 신체에서 나오는 무의식적인 메시지는 자아의 기반이 될 뿐 아니라, 의식의 기류를 형성해서 일어나는 모든 일의 분위기를 만든다.[7] 그의 표현에 따르면, "배경 감정 background feeling"은 영화의 배경음악과 같은 역할을 한다. 배경 감정은 이유를 딱 꼬집어 말할 수 없지만 왠지 행복하거나, 슬프거나, 희망차거나, 초조한 느낌을 갖게 만드는 힘을 발휘한다.

그렇다면 배경 감정의 분위기를 바꿈으로써 우리가 느끼는 방식도 바꿀 수 있을 것이다. 신체를 더 강하게 만들 수 있다면 배경음악을 바꿀 수 있다. 심리 스릴러의 불길한 불협화음에서 히어로 무비의 배경음악처럼 힘 있고 웅장한 화음으로 말이다.

근력의 쓸모

제롬 라토니^{Jerome Rattoni}의 배경음악은 무엇일까? 잘은 모르지만 아마 힘차고 낙관적인 음악일 것이다.

나는 지금 런던 동부 해크니의 구름다리 아래에 자리한 작은 헬스장에 와 있다. 트레이너 스무 명이 전부 입을 딱 벌리고 제롬을 바라보고 있다. 그는 제자리에서 뛰어올라 머리에서 30센티미터 위에 있는 봉을 쥐었고, 봉이 허리에 올 때까지 몸 전체를 능숙하게 끌어올렸다. 그는 봉 위에 쪼그리고 올라 앉아 팔꿈치를 무릎에 댄 채 우리를 향해 씩 웃었다.

"턱걸이를 하는 이유가 뭘까요?" 제롬이 물었다. 트레이너들과 나는 상체의 힘에 대해서 웅얼거리기 시작했다.

"아니요." 제롬이 봉에서 뛰어내려 바닥에 착지하면서 말했다. "턱걸이의 목적은 뭔가의 위로 올라가는 것입니다. 그게 아니면 왜 괜히 오르락내리락하겠어요? 그냥 밑에 있으면 되는 걸요."

제롬은 프랑스인 특유의 무뚝뚝한 말투로 헬스장에 있는 대부분의 사람들이 하는 일의 무의미함을 지적했다. 그러고는 보다 효과적이고 훨씬 재미있게 근력 운동을 할 수 있는 방법을 알려주었다.

제롬은 인간의 자연스러운 움직임에 집중하는 자연운동 훈련, 무브냇MovNat의 수석 트레이너이다. 2008년 프랑스인 어완 르 코어 Erwan Le Corre가 창안한 무브냇은 삼림욕과 파크루가 결합된 것이라고 말할 수 있다. 등반, 도약, 균형 유지, 수영, 달리기, 들어 올리기, 운반하기 등 조상들이 했을 법한 방식으로 자연에서 몸을 단련하는 데 초점을 둔다. 이 멋진 신세계에서의 진정한 신체 단련은 무거운 기구를 들어 올려 근육을 키우거나, 최고 기록을 갱신하기 위해 달리는 것이 아니다. 동물처럼(종종 잊고 있지만 우리는 동물이다) 움직일 수 있을 정도로 강하고 민첩한 몸을 갖는 게 이 운동의 목표다. 강한 몸을 갖게 된다면 위험에 맞서고, 장애물을 뛰어 넘고, 스트레스 받는 상황에서 웃음을 지으면서, 세상을 자신감 있게 마음껏 헤쳐 나가게 될 것이다.

정말 멋지지 않은가? 제롬은 우리를 해크니 공원으로 데려가서 기어 다니는 연습을 시켰다. 동네 개들에게는 재미있는 구경거리였을 것이다. 주말 동안의 집중 훈련에서 그는 무거운 물건을 어깨에 메고는 나무 사이를 헤치고 장애물을 건너뛰면서 달리는 법을 보여주었다. 그는 진지한 표정으로 "여기저기 뜀틀 같은 장애물이 있는 길을 달리는 것일 뿐"이라고 말했다.

무브냇을 창안한 르 코어는 1900년대 초 프랑스의 해군 장교였던 조르주 에벨Georges Hébert의 업적에서 영감을 얻었다. 에벨은 여행 중에 만난 원주민 사냥꾼의 힘과 민첩함에 깊은 인상을 받았다. 에벨은 인간의 자연스러운 움직임을 완벽하게 익히는 것을 목표로 하는 새로운 형태의 신체 단련법을 해군 신병들에게 적용했다. 에벨의 업적은 제1차 세계대전의 후유증으로 사라져 수십 년간 잊혀졌다가 비슷한 활동을 펼치는 파쿠르의 팬을 비롯한 자연운동의 열정적인 지지자들 덕분에 부활했다.

에벨에게 강해진다는 것은 단순히 신체적인 힘만을 의미하지 않았다. 그에게 강해진다는 것은 위급한 상황에서 조치를 취할 수 있는 몸을 가진다는 도덕적 책임감이었다. 그는 실용적으로 강해지길 원했다. 안전한 곳으로 달려가고, 기어올라가고, 뛰어오르고, 헤엄치고, 무언가를 힘 있게 던질 수 있어야 다른 사람은 물론이고 자기 스스로를 진정으로 돌볼 수 있다.

테리 크바스니크라면 이 의견에 십분 공감할 것이다. 스턴트 일을 하지 않을 때면 그는 대부분의 시간을 캘리포니아 오하이의 고향 마을에서 보낸다. 그곳에서 테리는 아이들에게 중력을 거스르는 재주넘기와 아크로바틱 기술을 가르친다. 아이들은 주로 짜릿한 기분을 느끼고 싶어서 훈련을 하지만, 그는 강하고 민첩한 몸이 위급한 순간에 유용한 도구라는 생각을 일깨워주기 위해 노력한다. "아이들을 불안하게 하려는 말은 아닙니다만, 캘리포니아에는 생존을 위협하는 상황이 실제로 존재합니다. 여기에는 지진이 일어납니다! 이 훈련은 멋진 묘기를 배우고 있는 것이지만 어떤 상황에 닥치든 적응하고, 도망치고, 피하고, 도움을 줄 수 있게끔 몸을 쓰는 방법을 배우는 것이기도 합니다. 그것이 이 모든 훈련의 핵심입니다."

불안과 우울증을 앓는 사람은 작업 기억 능력이 악화된다.[8] 신체 단련은 당신이 생존에 필요한 기술을 가지고 있다는 것을 정신에게 전달하는 지름길이다. 그렇다면 야생의 인간이 할 법한 움직임을 배우는 것보다 좋은 방법은 없다. 게다가 헬스장에서 하는 운동보다 훨씬 재미있다. 공원을 기어 다니기가 창피하다는 것은 충분히 이해한다. 하지만 기어 다니려면 많은 근육을 써야 하기 때문에, 한번에 단 몇 개의 근육만 자극하는 운동보다 훨씬 효과적이다. 네 발로 걷고 난 뒤 하루가 지나자 근육이 있는지도 몰랐던 내 몸 한 부분에 통증이 느껴졌다. 나는 제롬에게 기는 동작에 '로코 플랭크(움직이면서 하는 플랭크)'라는 그럴듯한 이름을 붙이면 더 많은 사람들이 기는 법을 배우려 할 것이라고 이야기했다. 그는 손을 가로저으며 이렇게 답했다. "이름은 중요하지 않아요. 사람들은 그런 문제를 극복하고 기어야 해요."

진흙탕을 달리는 장애물 경주는 물론이고 무브냇과 같은 운동법의 부상은 사람들이 구식 운동과 사랑에 빠지고, 자연이 의도한 대로 신체를 단련하는 데 더 관심을 갖기 시작했다는 반증이다. 영국에서 호수, 강, 바다 등 자연에서 하는 야외 수영이 인기를 끈 것도 자연적인 움직임에 관한 욕구를 보여주는 신호다. 이런 인기는 환경 운동가 로저 디킨Roger Deakin이 쓴 『워터로그Waterlog』가 의외의 베스트셀러가 되면서 시작되었다. 50만 명에 가까운 영국인들이 야외에서 물에 들어가면 행복해진다는 것을 깨닫게 됐다. 야외 수영으로 정신 건강이 개선되었다는 일화가 넘쳐나며, 차가운 물이 스트레스 시스템을 차분한 상태로 재설정한다는 흥미로운 연구들도 있다.[9] 차가운 물에 노출되는 것이 혈액에 저온 충격 단백질을 분비하고, 이것이 두뇌를 보호해 치매의 진행을 늦춘다는 잠정적 연구 결과도 있다.

그 기제가 어떻든 야외 수영과 같은 자연적 활동이 살을 빼고 복근을 만들 목적으로 헬스장에서 하는 운동보다 더는 아니더라도 그만큼은 좋다는 데 의심의 여지가 없다. 제롬은 우락부락한 근육은 없지만 훌륭한 몸을 가지고 있다. 그는 자신이 자연운동만으로 이런 몸을 갖게 됐다는 사실을 사람들이 잘 안 믿는다고 말하며 웃었다. "사람들은 자연운동을 한다고 하면 나가서 나무나 껴안고 있을 거라고 생각해요. 하지만 정성을 다해 움직인다면 무브냇은 굉장한 효과를 낼 수 있습니다."

탄성의 효과

근육이 힘의 유일한 요소는 아니다. 제롬이 점프를 하고, 발레 댄서가 도약하고 회전하며, 닌자가 소리 없이 착지하는 힘은 결합조직과 깊은 관련이 있다. 결합조직에는 뼈와 근육을 잇는 힘줄, 근육 전체와 주변을 이루는 강하지만 유연한 조직인 근막이 포함된다.

힘줄은 근육 수축을 동작으로 전환시키며, 필요할 때 추가적인 힘을 더하는 탄성을 지니고 있다. 캥거루와 가젤이 껑충껑충 달릴 수 있는 것은 마른 다리의 근육 때문이 아니라 결합조직, 특히 스프링과 비슷한 힘줄의 탄성 덕분이다.

근막에 관한 연구는 그리 많지 않다. 하지만 근막 역시 몸의 한 부분에서 다른 부분으로 힘을 전달해 폭발적 힘을 더할 수 있다는 몇 가지 증거가 있다.

어깨에 있는 결합조직의 탄성은 인간을 동물계에서 가장 뛰어난 투수로 만들어주기도 한다. 팔을 머리 위에서 뒤로 보내는 동작은 인대와 힘줄을 고무줄처럼 잔뜩 당긴다. 허리를 돌리고 손목을 뒤로 꺾는 동작은 당긴 힘을 풀기 전까지 힘을 더해준다.[10] 어깨의 이런 형태는 우리를 훨씬 크고 강한 생물을 쓰러뜨리는 사냥꾼으로 만들 뿐 아니라, 앞일을 예상하는 능력에도 기여한다고 말하는 사람들도 있다. 돌이나 창을 던지는 사냥에는 짐승 같은 힘뿐 아니라 발사체와 목표물이 어디에서 만나게 될지 예상하는 능력이 필요하기 때문이다. 내 경험상 공이나 막대를 있는 힘껏 던지는 것, 특히나 만족감을 높이기 위해 표적을 향해 물건을 던지는 동작은 분노나 스트레스를 발산하는 대단히 좋은 방법이다.

나는 폭발적인 근막의 힘을 보여주는 가장 인상적인 사례를 뮤지션 카일리 미노그의 2002년 콘서트에서 목격했다. 카일리가 섹시한 경찰복을 입고 〈컨파이드 인 미〉를 부르며 무대 곡예사 시절의 우리의 친구 테리와 함께 멋진 퍼포먼스를 보여주고 있었다. 테리는 무대 주위를 공중제비로 돌고, 물구나무 자세로 계단을 내려오며 온갖 현란한 동작을 선보이다가 카일리 앞에 무릎을 껴안고 앉았다. 음악이 절정으로 치달으면서 그는 천천히 카일리의 얼굴로 시선을 올리더니 순식간에 뒤로 공중제비를 돌아 카일리에게서 30센티미터 정도 떨어진 자리에 웅크려 앉아 착지했다. 이 믿을 수 없이 폭발적인 움직임은 몇 번 더 계속되었다. 카일리가 앞으로 한 걸음 걸어오면, 테리는 웅크리고 앉았다가 뒤로 공중제비를 돌아 웅크려 앉았고, 다시 또 공중제비를 돌고… 네 번이었다. 흔들림조차 없었다."

공연이 끝난 뒤 친구와 흥분해서 나눈 이야기는 이게 전부였다. "그 남자 움직이는 거 봤어? 어떻게 그게 가능하지?"

그로부터 18년 뒤 나는 그 폭발적 움직임의 비밀을 알아보기 위해 테리를 찾아 캘리포니아로 갔다. 그는 쿵후의 폭발적인 힘에 매료돼 공중제비에 관한 영감을 얻었다고 말해주었다. 런던에서 공연을 하다 우연히 만난 소림사 승려들이 결정적 계기였다.

"고양이와 같은 힘을 씁니다. 고양이는 죽은 듯이 늘어져 잠을 자다가도 누군가 건드리면 천장까지 튀어 오릅니다!" 테리가 말했다. 공중제비의 열쇠는 웅크린 자세로 긴장을 풀고 정신과 신체를 스프링처럼 말았다가 풀어놓는 것이라고 한다. 이것은 몸부림치는 악어의 무지막지한 힘과 대조되는 재규어의 강하면서도 유연한 힘이다.

그는 이 폭발적인 움직임을 연습해 계속 다음 단계로 나아갔다.

'웅크렸다가 높이 뛰어올라서 이 정도 높이까지 올 수 있으면 뒤로 공중제비를 돌 수 있으니 가능하겠군.' 다음에는 부드러운 바닥에서 연습하고, 다음에는 딱딱한 바닥에서 연습하고, 그다음에는 수천 명의 청중과 세계 최고의 팝스타 앞에서 그의 턱을 걷어차지 않도록 노력하면서 실행한 것이다.

테리는 여전히 공연을 하고 있다. 망설임 없이 공중제비를 돈다. 하지만 지금은 대부분의 시간을 아이들을 가르치는 데 쏟고 있다. 이런 폭발적인 힘을 어떻게 이용하는지 가르치는 것이다. 그는 숨어 있던 강한 힘을 활용하는 과정에서 아이들이 숨겨진 정신적 자산에 접근할 수 있는 능력을 개발하고 있다고 믿는다. 회복력과 자신감을 기른 아이들은 어떤 일에든 맞설 준비를 갖추게 될 것이다.

이 역량에 접근하는 열쇠는 정신과 육체의 합일을 이루는 것, 아이들이 가진 내부수용감각의 힘을 북돋우는 것이다. 앉아 있는 시간이 많아지면서 우리는 머리에 갇혀버리고, 우리 몸이 무엇을 하고 있는지 거의 의식하지 않는다는 게 그의 주장이다. 때문에 그는 아이들에게 정신의 채널을 육체에 맞추는 방법을 알려줘야 한다고 생각한다. 테리는 모든 수업을 호흡 훈련, 그리고 그 순간에 몸의 여러 부분이 어떤 느낌인지 의식하는 훈련으로 시작한다. 다음으로 스트레칭을 한다. 이 역시 정확하게 앉거나 섰을 때 근육이 어떤 느낌인지 의식하는 데 중점을 둔다. 그러고 나서야 그 느낌을 거꾸로, 옆으로, 원하는 곳으로 가는 데 표출할 수 있다.

"'이제 제 다리가 느껴져요'라고 말하게 만드는 거예요. 다리가 머리 위로 올라갈 때 다리에 정신을 두면, 다리를 원하는 방향으로 움직일 수 있게 됩니다." 때로 아이들은 이런 생각을 받아들이는 데 애를 먹기도 한다고 한다. 하지만 일단 받아들이면 결과는 극적이다. "이 힘을 가속기처럼 사용할 수 있다는 것을, 마음을 몸에 뒀을 때만 가능하다는 것을 깨달으면 완전히 달라지는 겁니다." 테리가 말했다. "정말로 힘을 쓸 수 있게 되면 놀라운 일이 벌어집니다."

흥미로운 이야기지만 안타깝게도 노화나 움직임의 부족은 결합 조직을 뻣뻣하게 만든다. 마음이 그 안에 있든 아니든 말이다. 때문에 세월이 흐를수록 고양이와 같은 민첩성을 발휘하기는 점점 어려워진다. 근막 분야의 권위자인 독일 울름대학교의 로버트 슐라입Robert Schleip 교수에 따르면, 시간이 가면 근막을 이루는 섬유가 엉키고 점착력이 커지며 탄성은 낮아지기 때문에 유연성이 떨어지기 시작한다. 현미경으로 관찰하면 근막이 신축성이 있는 깔끔한 그물 대신, 잔뜩 엉킨 실뭉치를 닮아간다는 것을 확인할 수 있다.[12]

움직임은 근막 섬유의 탄력과 힘을 지켜준다. 슐라입은 부드럽게 착지하는 폭발적인 점프를 연습하거나, 관절의 최대 가동 범위에 걸쳐 힘을 쓰는 등 근막을 표적으로 훈련한다면, 시간과 노력을 투자한 모든 사람이 가젤과 같은 탄력성을 가질 수 있을 것이라고 생각한다. 이런 훈련이 눈에 띄게 힘을 키우거나 노화에 따른 경직성을 반전하는지에 관한 연구는 아직 결정적인 결과를 내놓지 못했다.[13] 하지만 테리의 경험은 충분한 시간을 들여 열심히 노력한다면, 폭발적인 힘을 내는 일이 생각만큼 어렵지 않다는 것을 보여준다.

우리는 누구나 비축된 여분의 힘을 갖고 있다. 그러나 갖고 있다는 것조차 모르는 이 힘을 이용하기 위해서 아널드 슈워제네거처럼 될 필요는 없다. 계속해서 움직이고 인간으로서 가능한 만큼 힘과 탄력성을 유지하는 게 훨씬 더 중요하다. 유지에 힘쓰고 계속 움직인다면 우리의 조직이 신경 시스템에 보내는 메시지는 이렇게 변화할 것이다. "긴장 풀어. 모든 게 내 통제 안에 있어."

기억하는 몸

트라우마를 경험한 이후보다 안전을 위한 본능적 감각이 필요할 때가 있을까? 그러나 안타깝게도 트라우마를 경험한 이후에는 평온한 느낌을 찾기가 대단히 어렵다. 트라우마가 신체와 정신에 영향을 미치는 방식 때문이다. 하지만 여기에서도 움직임이 도움이 된다.

PTSD(외상후 스트레스장애)를 겪고 있는 블로거 소니아 레나 Sonia Lena 는 자신의 글을 통해 군용 격투기 크라브 마가 훈련이 플래시백(외상적 사건을 꿈이나 생각 속에서 반복적으로 재경험하는 것-옮긴이)에 대처하고 통제력을 느끼는 데 도움을 줬다고 말한다. "이 훈련의 어떤 부분이 저를 고통에서 끌어올리는 건지 정확히는 모르겠어요." 레나는 이렇게 적고 있다.[14] "제가 아는 건 처음에는 강사가 팔을 둘러 제 목을 졸랐을 때 곧장 공황 발작의 손아귀에 들어갔다는 거예요. 이제는 그렇게 심하지 않아요." 레나는 자기 몸이 스스로를 물리적으로 방어할 수 있다는 지식을 내면화했고, 이것이 자신의 정신을 장악하고 있던 트라우마의 힘을 느슨하게 했다고 생각한다.

트라우마는 도망칠 수 없는 위급 상황일 수도 있고, 권위 있는 사람에게 반복적으로 비난받거나 모욕당하는 것같이 꼭 목숨을 위협받지는 않지만 사회적·정서적으로 고통스러운 경험일 수도 있다.

이런 상황에서는 우리의 경보 시스템이 작동해 심박수와 혈압이 치솟고 근육은 눌린 스프링처럼 긴장한다. 이상적으로라면 우리는 치솟는 에너지를 이용해 위험에서 빠져나오거나, 악당을 해치우거나, 최소한 욕이라도 뱉고 도망칠 것이다. 위협이 사라지면 우리는 마음을 가라앉히고 평온한 상태로 되돌아간다.

하지만 실제 상황에서는 사건이 이렇게 깔끔한 순서로 진행되지 않는다. 일부 트라우마 연구자들은 규칙이 없기 때문에 생존자들이 사건을 다시 경험하는 상황에 빠진다고 말한다. 무슨 일이 일어났는지 파악할 수 없다고 생각하는 것이다. 플래시백 외에 트라우마에 대한 흔한 반응은 피해자가 정신적·정서적으로 무너져서 상황과 완전히 분리되는 것이다. 도망칠 틈이 없거나 심하게 압도됐을 때 특히 그렇다. 이는 해리 상태, 즉 자신의 삶을 창밖에서 보는 것처럼 관찰하는 으스스한 느낌에 이를 수 있다. 정서적 학대를 당한 사람의 경우, 사회생활을 할 때 상대의 눈을 마주치지 못하기도 한다.

이에 일부 트라우마 연구자들은 맞서 싸우거나 도망치는 물리적인 행위를 해낸다면, 나쁜 경험을 잠재우고 두려움의 사이클에서 벗어날 수 있지 않을까 궁금증을 갖기 시작했다. 이 아이디어는 보스턴대학교 정신의학자이자 트라우마 전문가인 베셀 반 데어 콜크^{Bessel van der Kolk}에 의해 유명해졌다. 그는 자신의 연구와 베스트셀러『몸은 기억한다^{The Body Keeps the Score}』를 통해, 상담 치료가 PTSD에 효과가 없는 경우가 많은 이유는 위험에 대한 몸 전체의 반응에서 벗어날 방법을 찾지 못하기 때문이라고 주장한다. 트라우마를 남긴 사건을 정신적으로 상세히 들춰내는 것은, 무슨 일이 일어났는지 파악할 수 있는 새로운 도구를 전혀 주지 않은 채 곧장 그 사람을 투쟁-도주 상황으로 밀어 넣는 일이 된다. 이는 피해자가 진정한 회복이 훨씬 더 어려운 정서적 마비의 상황으로 도망치게 만들며 상황을 악화한다.

베셀 반 데어 콜크와 정신의학자 팻 오그던^{Pat Ogden}, 피터 레빈^{Peter Levine}은 플래시백이나 해리 현상이 계속되는 것은 스트레스에 대한 반응 행동이 마무리되지 않았기 때문이라고 말한다. 방어나 탈출을 기반으로 한 움직임을 배우고 연습해서 신체가 그 일을 끝내게끔 도울 수 있다면, 항상성이 코스를 완주하고 안정감을 되찾게 해준다는 것이 그들의 생각이다.

이것은 이론일 뿐이다. 그리고 완전히 새로운 생각도 아니다. 프랑스 심리학자 피에르 자네^{Pierre Janet}의 널리 알려지지 않은 연구를 기반으로 한 것이다. 자네는 1900년대 초 신체 활동을 완수하는 것이 트라우마가 신체와 정신에 새겨지는 것을 막는 데 중요하다고 적은 바 있다. 저서 『심리 치료Psychological Healing』에서 자네는 "완성된 행동의 즐거움"에 관해 적고 "트라우마로 고통받고 있는 사람들에게는 승리 단계 특유의 행동을 수행할 수 있는 기회가 없었던 것"이라고 말했다.[15] 그는 이것이 그들의 신체와 정신이 절실히 필요로 하는 '마무리'에 이른 적이 없다는 의미라고 주장했다.

괴롭힘에 맞서 싸울 수 있다면 좋겠다고 생각해본 사람이라면, 이 방법이 효과가 있으리라는 것을 본능적으로 느낄 것이다. 움직임이 '안정 모드'로 돌아오는 심리적 과정의 주요 부분이라는 것은 몇몇 연구를 통해 밝혀진 바 있다. 한 동물 실험을 살펴보자. 처음에는 바닥에 전류가 흐르는 우리에 쥐를 가두고 탈출하지 못하게 만들었다. 그다음에는 이 경험으로 트라우마가 생긴 쥐를 똑같은 우리에 다시 집어넣고, 이번에는 안전한 곳으로 도망칠 수 있는 기회를 주었다. 실험 결과, 우리에서 도망친 쥐의 트라우마는 사라졌다.

강도 높은 신체 활동 역시 같은 효과를 낸다는 것을 보여주는 실험도 있다. 스트레스 경험 이후에 서로 싸움을 하게 한 쥐들은 우리로 돌려보내 안정을 취하게 한 쥐들보다 빠른 회복을 보였다.

사람도 마찬가지라는 증거들이 있다. 우울증과 불안의 경우, 강도 높은 운동이 PTSD 증상을 줄여준다. 최근 PTSD가 있는 참전 용사들에게 신체 활동이 포함된 치료법이 효과가 크다는 것이 발견되었다. 여러 연구들에 관한 분석은 요가와 저항 훈련이 PTSD 증상을 완화시킨다는 결론을 내렸다.[16] 자전거로 언덕을 오르거나 지칠 때까지 스쿼트를 하는 것보다 싸움, 방어와 같은 특정한 종류의 움직임이 더 효과적인지는 명확하지 않다.

소니아 레나의 사례가 말해주듯이 맞서 싸우는 방법이 유용할 수 있다. 몇 명의 파일럿을 대상으로 한 연구는 움직임 연습을 통한 신체 기반의 치료가 복합 PTSD를 가진 사람들에게 효과가 있다는 가능성을 보여주었다. 복합 PTSD란, 일생 동안 여러 번의 스트레스 경험을 한 후에 발현되는 증상으로, 인지행동치료와 같은 표준 치료법으로는 치료가 힘들다. 신체 기반의 치료 이후 복합 PTSD를 앓는 두 환자의 우울증 지수가 상당히 낮아졌고, 사회생활을 할 때 상황에 대처하는 능력이 개선됐다. 두 사람은 더는 PTSD 환자로 여기지 않아도 될 정도의 큰 호전을 보였다.[17] 베셀 반 데어 콜크는 PTSD 치료에 요가 치료를 추가한 연구를 통해 비슷한 효과를 발견했다. 10주간의 요가 치료 후에 그룹의 절반이 좀 넘는 환자들이 더는 PTSD 기준을 충족하지 않게 되었다.

팻 오그던은 운동 자체가 도움이 된 것인지, 특정한 싸움 동작이 도움이 된 것인지 알아내기 위한 연구를 진행하고 있다. 그는 지금으로서는 "많은 클라이언트와 학생들이 감각운동 정신요법을 배우면서 새로운 희망을 얻었다"라고 말하며 "사람들이 트라우마 치료에서 신체의 중요성을 깨닫고 있다"라고 덧붙였다. 오그던과 레빈의 감각운동 정신요법에서부터 복싱, 요가, 무술에 기반을 둔 치료법까지 신체 기반 트라우마 치료가 부상하고 있는 것은 확실하다.

트라우마에서 성공적으로 벗어나기 위해서는 일반적인 운동과 상담 치료, 구체적인 대항 동작 모두가 필요한 것으로 보인다. 치료의 일부로 구체적인 대항 동작을 배우고 연습하면 필요할 때 불러낼 수 있는 신체적 기술을 확장하면서, 지배와 통제의 감각을 강화할 수 있다. 정신의학자 존 레이티John Ratey의 표현을 빌면, 이는 트라우마로 고통받는 사람이 "적극적으로 새로운 현실을 배우는 일"에 도움을 줄 수 있다.[18] 이 새로운 체화 치료법이 어떤 모습이든, 그저 앉아서 이야기에 집중하는 치료에 대한 재고가 필요하다. 움직임의 효과는 너무도 중요해서 이 문제에서 절대 빼놓고 생각할 수 없다.

자신감을 키우는 움직임

근력 강화가 트라우마 극복에 도움이 되는 이유가 하나 더 있다. 감정의 격변은 사람에게 정서적 흉터만 남기는 게 아니라 근력을 떨어뜨릴 수 있다는 연구 결과가 있다.

2001년 9.11 테러 현장에서 활동하면서 트라우마가 생긴 응급구조요원들에 관한 연구를 살펴보자. 이 연구는 테러 이후 10년 뒤, 그들의 악력이 연령 평균치의 거의 절반밖에 되지 않는다는 것을 발견했다.[19] 또 다른 연구는 테러 이전에는 보통 사람들보다 근력이 강하고 건강했던 구조요원들의 걷기 속도가 느려졌고, 의자에서 훨씬 힘들게 일어나는 등 움직이는 데 문제를 겪을 확률이 더 높다는 것을 발견했다.[20]

트라우마가 근력을 약해지게 만든다면, 반대로 근력 훈련이 심신을 건강한 상태로 되돌리는 데 도움이 된다고 볼 수 있을 것이다. 근력 훈련을 통해 사람들이 사건 직후에(사건 몇 년 후가 아니라) 곧 회복하도록 도움으로써, 트라우마나 스트레스가 애초에 깊숙이 자리 잡지 못하게 할 수 있다는 주장도 있다. 특히 가난한 환경이나 사회적 혜택을 많이 받지 못하고 성장하는 청년들이 이 훈련을 받는다면, 정신 건강의 문제가 뿌리내리지 못하게 하는 데 큰 효과를 발휘할 것이다.

데일유스 복싱클럽은 이 생각을 수년 전부터 실천에 옮겨왔다. 이 클럽은 기부로 자금을 조달하고, 자원봉사자의 도움으로 운영되는 지역공동체 운영기관이다. 자원봉사자 가운데 대부분이 어린 시절 이곳에서 훈련을 받은 사람들이다. 자선기관이기 때문에 세션당 수업료는 단 1파운드다. 덕분에 거리를 헤매는 아이들을 체육관으로 이끌어 근력과 회복력, 자존감을 키워준다는 목적에 충실할 수 있다.

몇 년 전 이 체육관은 비극적인 사건을 통해 유명해졌다. 체육관이 있는 고층 건물에 큰 화재가 난 것이다. 오래된 이 빌딩은 외관을 그럴듯하게 만들기 위해 알루미늄 패널을 설치했는데, 300명이 넘는 거주자들은 모르고 있었지만, 이 반짝이는 피복재는 인화성이 강했다. 2017년 6월 14일 한 집에서 불이 나자 화염은 피복재를 뚫고 번졌다. 72명이 사망했고 250명이 넘는 이재민이 발생했다. 체육관도 완전히 망가졌고 아이들(화재로 친구를 잃은 아이들도 있었다)은 울분을 발산하거나 감정을 추스를 곳이 없이 남겨졌다.

지역공동체는 화재 이후 수년 동안 체육관을 이전보다 더 좋은 환경으로 만들기 위해 노력했다. 쉽지는 않았다. 그곳은 런던에서 가장 낙후된 지역 중 하나였고, 가장 부유한 지역과 면해 있었다. 말할 수 없이 불공평한 현실 앞에서 아이들에게 바른 길을 가라고 가르치는 것은 쉽지 않은 일이었다.

클럽의 코치 모 엘캄리치Moe Elkhamlichi는 복싱이 힘을 발휘하는 것이 바로 이 지점이라고 내게 말했다. "거리에 있는 아이들을 보세요. 열여섯 살에 학교를 때려치우고, 아무런 기회도 가르침도 없이 사는 아이들을요. 아이들에게는 자신에 대한 믿음도, 자신감도 없습니다. 자신도 훌륭한 사람이 될 수 있다는 이야기를 전혀 들어본 적이 없으니까요. 복싱이 줄 수 있는 그 무엇보다 중요한 것은 자신감, 스스로에 대한 믿음입니다."

모의 경험에 따르면 자신감은 링 밖으로, 일상생활로 확장된다. 우리는 펀치백을 치는 불협화음 너머로 목청을 높여가며 이야기를 나눴다. 모는 복싱을 시작한 뒤 두 아이의 학교 성적과 태도가 대단히 좋아졌다고 기뻐했다. 집에서 툭하면 성을 내던 아이가 짜증을 완전히 멈췄다는 이야기도 전해줬다. "우리는 아이들을 바짝 다잡습니다." 모가 말했다. 아이들은 혹독한 훈련을 받을 것을 예상하고 있다. 훈련이 효과를 내기 시작하면, 스스로를 책임질 수 있다는 자신감은 성인기까지 이어진다. "사람들이 북적이는 공간에 걸어 들어가도 자신감을 느낄 수 있다면, 우리는 임무를 완수한 것 아닐까요?"

근력

- **근육을 움직여라:** 근력을 키우면 불안은 줄어들고 우울감이 완화되며 자존감이 높아진다. 근력 강화를 위해 대단한 기구가 필요한 것은 아니다. 자신의 체중만 이용해도 큰 효과를 볼 수 있다.

- **인간답게 움직여라:** 신체가 만들어진 목적에 맞는 동작을 익혀라. 상황에 따라 안전한 곳으로 달려가고, 올라가고, 헤엄치고, 뛰어오를 수 있게끔 움직여라. 헬스장은 잊어라. 옛 조상들의 방식으로 자연스럽게 움직이는 법을 배워라.

- **싸워라:** 맞서 싸우는 신체적 언어를 배우는 것(특히 트라우마를 겪은 이후)은 안전에 관한 체화된 감각을 만드는 데 도움을 준다. 어려운 문제가 발생한 경우라면 치료사와 함께 하는 것이 이상적이다.

- **점프하라:** 조용히 착지하는 법을 훈련하여 가젤과 같은 탄력을 얻어라. 이는 당신의 결합조직을 보다 건강하게 만들어줄 것이다. 결합조직이 건강해지면 신체와 정신을 장악하고 있다는 느낌을 받을 수 있다.

4

춤을 추면 행복해지는 이유

나는 케빈 에드워드 터너 Kevin Edward Turner 가 낡은 치노 바지에 폴로 셔츠 차림으로 뛰어오르고 구르며 춤추는 모습을 지켜보고 있다. 터너는 잠시도 가만히 서 있지 않고 움직인다. 그와 파트너는 등을 맞댄 채 서로의 팔을 잡았고, 터너는 공중으로 다리를 가뿐하게 차올리며 파트너의 등 너머로 몸을 굴린다. 그와 파트너는 신이 나서 활짝 미소를 짓는다. 함께 있는 일곱 명의 댄서도 한껏 흥이 올랐다.

나는 정신적 문제를 겪고 있는 청년들로 구성된 댄스 그룹에 참여하기 위해 영국 맨체스터 운하 근처의 오래된 공장을 찾았다. 산업혁명의 원동력이 되었던 면화 공장으로, 지금은 리모델링되어 안락한 커뮤니티 공간으로 운영되고 있었다. 노출 콘크리트 벽에는 지역 사람들의 미술 작품이 걸려 있고, 책장에는 책이 가득하며, 운하가 내다보이는 창문에는 덩굴 식물이 자랐다. 그리고 춤이 정신을 바꾼다고 확신하는 안무가이자 댄서인 터너가 이 공간의 에너지를 만들어내고 있었다.

터너는 스스로의 경험을 통해 춤이 정신에 미치는 영향력을 확신하게 됐다. 10대부터 겪었던 우울증이 갑자기 악화되었고 입원이 필요할 정도의 정신병 증상까지 나타났다. 여덟 살 때부터 춤을 춰왔는데 더는 움직이고 싶지 않았다. 문제가 있다는 첫 번째 신호였다. 터너는 그때를 이렇게 회상했다. "활동을 멈춘 시기가 있었어요. 움직일 동기를 찾기가 무척 힘들었죠. 그때부터 상태가 급격히 악화됐습니다."

춤은 그가 천천히 건강을 되찾을 수 있었던 생명줄이었다. "정신, 영혼, 신체, 힘을 되찾는 과정은 매우 느리게 진행됐습니다. 과거의 저처럼 도움이 필요한 사람이라면 시간이 좀 걸릴지라도 이 방법을 고려해보면 좋을 겁니다." 터너가 말했다. "내면에서 일어나는 일들을 움직임과 춤을 통해 표현하려고 노력했어요. 이 노력이 내가 좋아하는 일을 할 수 있게 만들어줬다고 110퍼센트 확신합니다."

점점 더 많은 연구들이 터너의 발견을 입증하고 있다. 춤은 몸에서 일어나는 일과 그것이 우리 삶에 미치는 영향 사이의 균형을 유지하는 데 필수적인 도구로 부각되고 있다. 인간으로서 적절히 기능하기 위해 꼭 필요한 도구인 것이다.

단순히 춤이 기분을 좋게 한다는 이야기가 아니다. 춤은 그보다 훨씬 중요한 역할을 한다. 리듬에 맞춰 몸을 움직이면 스스로의 정서를 이해하고 조절하는 데 도움이 된다. 그 결과로 자기 자신 그리고 타인과 연결되고 유대감을 느낀다.

우리들 대부분은 자신을 과소평가한다. 미국 성인의 7퍼센트, 영국 성인의 6퍼센트만이 춤을 즐긴다. 이 수치는 10년 넘게 감소세를 보이고 있다.[1] 한편 전체적으로 우리의 정신 건강은 엉망이다. 오늘날의 청년들은 그 어느 때보다 많은 타인과 연결되어 있음에도 불구하고 외로움을 호소한다. 18~24세를 대상으로 실시한 설문조사에서 약 50퍼센트가 현실과 온라인 세상 모두에서 늘 사람들에 둘러싸여 있으면서도 정서적으로 단절돼 있다는 느낌을 받는다고 인정했다.[2] 우울과 불안은 전 연령에 걸쳐 나타나고 있으며, 힘겨운 감정에서 벗어나는 방법으로 자학을 하는 청소년이 늘어나고 있다. 그들의 외로움과 불안함을 조금이나마 해소할 수 있는 방법 중 하나가 춤이다. 자리에서 일어나 리듬을 타는 간단한 움직임으로 감정을 훨씬 쉽게 표출할 수 있다니! 아주 그럴듯한 아이디어가 아닌가?

춤추기 위해 태어난

인간은 왜 춤을 출까? 다른 동물들은 왜 춤을 추지 않을까? 이질문을 두고 오랫동안 논쟁이 이어졌다. 춤이 육체적 스토리텔링의 한 형태로 시작됐다고 생각하는 사람도 있고,[3] 이성에게 자신이 강하고, 날렵하고, 몸을 잘 다루며, 야생에서 살아남기 위한 능력이 있다고 과시하는 한 방법이라고 주장하는 사람도 있다.[4] 모두가 동의

하는 한 가지는 춤이 아주 오랫동안 우리 움직임의 레퍼토리였다는 것이다. 춤을 추기 시작한 시점은 우리가 두 발로 서게 된 때까지 거슬러 올라갈 만큼 오래됐을 것이다. 가장 오래되고 확실한 증거는 군무를 그린 9,000년 전 인도의 동굴 벽화다.[5] 하지만 우리는 인간이 그보다 훨씬 오래전부터 음악을 만들었고, 거기에 맞춰 춤췄을 거라고 생각한다. 가장 오래된 악기는 동물 뼈를 깎아서 만든 플루트인데, 이 악기는 현생인류가 처음으로 아프리카 밖으로 걸어 나온 4만 5,000년 전의 것이다.

그 이래 모든 인간 문화에는 이런저런 형태의 춤이 스며들었다. 춤은 축제나 의식의 당연한 일부였다. 보통은 집단으로 춤을 쳤다. 춤은 사람들을 결합하는 힘이 너무나 강력해서, 역사상 춤을 전면적으로 금지하려는 시도는 여러 차례 있었다. 영화 〈자유의 댄스〉는 1980년대 초까지 춤이 불법이었던 오클라호마의 실제 마을을 소재로 하고 있다. 오늘날에도 사우디아라비아, 이란, 쿠웨이트를 비롯한 여러 국가는 공공장소에서 춤추는 것을 금하고 있다. 비교적 자유로운 스웨덴조차 허가 없이는 공공장소에서 춤추는 것이 불법이며, 독일과 스위스의 경우 특정 기독교 휴일에는 춤이 금지된다. 일본에서는 전후의 문란한 분위기를 가라앉히기 위해 자정 이후에 무도를 금지했는데 2015년에야 해제되었다.

권력자들이 좋아하든 아니든, 춤이 인간을 자극하는 것 중 하나임은 분명하다. 인간은 박자를 느끼고 반응하는 능력을 타고났다.

생후 2~3일 된 아이에게 일정한 박자를 들려주다가 돌연 박자를 놓칠 경우, 아이의 뇌는 뭔가가 빠졌다고 인식했다.[6] 몇 개월만 지나면 타고난 박자 감각은 움직임과 연결되기 시작한다. 생후 5개월 된 아이는 리듬에 맞춰 움직일 조짐을 보인다. 이 기술은 몸을 스스로 통제하기 시작하면서 보다 춤에 가까워진다. 음악에 맞춰 움직이면 기분이 좋아진다는 사실 역시 같은 연구를 통해 드러났다. 박자에 맞춰 잘 움직이는 아이일수록 그러지 못하는 아이에 비해 더 많이 웃었다.

기분을 좋게 하는 춤의 요소는 10대에게도 효과를 발휘한다. 나는 청소년을 위한 심리학 강연에서 놀라운 경험을 했다. 늦은 오후였다. 더위에 지친 사람들은 빨리 집으로 돌아가고 싶어 죽을 지경이었다. 이 행사를 주최한 나의 임무는 연사를 소개하고, 청중들의 질문을 받고, 청중이 놓친 중요한 질문을 대신 던지며 모든 것이 제시간에 진행되도록 하는 것이었다. 그날의 마지막 연사는 댄스 심리학자 피터 로밧Peter Lovatt이었다. 안경을 끼고 이상한 셔츠를 입은 중년 남자가 미소를 띠고 무대에 오르자 300명이 넘는 열여섯 살 아이들이 자리에 축 늘어지는 것이 확연히 느껴졌다. 까다로운 청중이었다. 피터가 청중의 반응을 알아챘는지 신경을 썼는지는 모르겠으나 어쨌든 겉으로 드러나지는 않았다. 그는 축구보다 발레를 좋아하면서 학창 시절을 보냈고, 결국 읽는 법도 모르는 채 학교를 떠난 사람이었다.

놀랍게도 그 소년은 자라서 움직임이 어떻게 우리의 사고를 돕는지를 전문적으로 연구하는 과학자가 됐다. 그는 이 점을 증명하는 살아 있는 증거다. 로밧은 스물두 살에 책을 거의 읽지 못하는 상태에서 춤을 이용해서 책 읽는 법을 혼자 익혔다. 나는 로밧에게 그 비결을 물었다. 내가 처음으로 알아차린 것은 그가 대화 중간에, 특히 다음에 무슨 말을 해야 할지 생각할 때면 노래를 시작한다는 점이었다.

"그렇죠. 그래서 음, 붐, 붐, 붐, 붐. 그럼, 어디에서 시작하면 좋을지 생각해볼게요. 두두두두두두. 그 일이 어떻게 된 거냐 하면…"

알고 보니 이것은 로밧이 책을 읽기 위해 사용한 방법이었다. "저는 우선 적혀 있는 글에서 리듬과 패턴을 찾으려고 노력했어요." 로밧이 말했다. 그는 학창 시절 선생님들의 말처럼 자신이 멍청할 리 없다고 믿었다. 두 시간짜리 댄스 루틴을 기억하고 있다가 곧잘 따라했을 뿐 아니라, 랩이 엄청나게 많은 노래의 가사도 모두 외웠기 때문이다. 로밧은 이 기술을 읽기에 적용해보기로 했다. 처음에는 랩이나 춤같이 리듬감 있는 시를 읽었다. 물론 글자를 전혀 읽지 못하는 것은 아니었다. 단어를 읽을 수 있을 정도의 실력은 있었다. 다만 의미를 만들어낼 수 있을 정도로 단어를 자연스럽게 연결하지는 못했다. 로밧은 리듬이 흐름을 타는 데 도움이 된다는 것을 발견했다. "리듬은 일련의 단어들을 헤치고 당신을 다른 편으로 데려다주는 자동차입니다." 로밧이 말했다. 그 방법은 효과가 있었다. 로밧은 지금도 시나 리듬이 있는 글을 즐겨 읽는다.

또 다른 방법은 춤을 배우다가 난관에 부딪혔을 때 사용하는 기술을 적용하는 것이었다. 어려운 부분은 건너뛰고 계속 가는 방법이었다. "댄스 루틴을 배울 때면 확실히 알지 못하는 부분이 있어요. 그럼 그 부분에서는 그냥 발장난을 칩니다. 다섯, 여섯, 일곱, 여덟! 그러고는 루틴으로 되돌아가는 거죠. 읽기를 공부할 때도 똑같이 했습니다." 로밧이 말했다.

이후 로밧은 A레벨 시험을 보고(한 번은 불합격, 한 번은 합격), 심리학과 영어학 학위를 따고(다 읽은 책이 한 권도 없었다고 한다), 박사 학위를 땄다(그는 두 발을 다 접질린 채로 마라톤을 하는 것 같았다고 표현했다. 아마도 과학 논문에서는 시적인 문장을 찾기 힘들어서였을 것이다). 로밧은 이 과정을 "길고 따분한 몸부림"이었다고 표현한다. 이후 로밧은 캠브리지대학교 영문학과에서 일자리를 얻었다. 아무에게도 자신이 A레벨 시험에 불합격했었다는 말을 하지 못했다. 이만하면 춤을 기반으로 하는 그의 계획이 성공적이었다고 말해도 좋을 것이다. 지금까지 로밧은 두 권의 책과 수많은 과학 논문을 썼다. 로밧의 연구는 구조적인 학습이 분석적 사고에 도움을 주는 반면, 즉흥적 학습은 사고를 확장시키고 창의력을 키운다는 것을 보여주었다.[7]

대단히 인상적인 반전이다. 하지만 춤이 가진 전환적 힘의 진짜 증거는 강연을 들었던 학생들에게서 나왔다. 자신의 연구 몇 개를 설명하면서 강연을 시작한 로밧은 청중에게 일어나서 손과 발을 흔들어보라면서 참여를 유도했다. 학생들은 쭈뼛거렸지만 로봇은 짧은 댄스 루틴을 보여주고 따라 하라면서 꿋꿋이 강연을 진행해나갔다. "한 발, 한 발, 한 발, 박수, 한 발, 한 발, 한 발, 박수!" 나와 학생들은 마지못해 따라 했다. 자신의 연구에 관해 설명하는 중간중간 로봇은 계속 제자리에서 한 바퀴를 돌며 동작을 추가했다. 학생들은 움직이다가 서로 몸을 부딪혔고 당황스러운 웃음소리가 새어나왔다. 로봇은 엄지손가락을 들고 흔드는 동작, 발을 쓰는 동작, 존 트라볼타가 〈토요일 밤의 열기〉에서 선보인 팔로 찌르는 동작 등 70년대 디스코 동작을 이어서 보여주었다.

동작이 복잡해지고 점점 더 우스꽝스러워질수록 학생들은 긴장을 풀었고 점차 흐름을 타게 되었다. 마지막으로 강연의 대미를 장식하기 위해 우리는 음악에 맞춰 움직였고, 강연장에는 생기가 가득했다. 무대로 올라간 지 단 15분 만에 로봇은 뚱한 청소년들로 가득했던 홀을 즉석 디스코장으로 뒤바꿨고, 홀은 활기로 떠들썩해졌다. 교사들까지 활짝 웃으며 함께 어울렸다.

근사했다. 살아 있다는 느낌이 충만했다. 이런저런 질문도 떠올랐다. 박자의 어떤 요소가 우리에게 움직이고 싶은 충동을 주는 것일까? 슬쩍 발 박자를 맞추는 것이든, 완전히 도취 상태에 빠지는 것이든 말이다. 애초에 왜 그런 하찮아 보이는 활동(귀중한 에너지를 사용하면서 누군가의 원성을 듣기에 충분한 소음을 만드는 활동)이 진화한 것일까? 왜 박자를 맞춰 움직일 뿐인데 기분이 좋아질까?

현재 많은 과학자와 철학자는 두뇌를 이전에 일어난 일을 근거로 앞으로 일어날 일을 끊임없이 예측하는 '예측 기계'라고 생각한다. 이후 뇌는 그 예측을 우리의 행동과 조치를 인도하는 데 사용한다. 옥스퍼드대학교의 신경과학자 모르텐 크링겔바흐^{Morten Kringelbach}에 따르면, 우리가 규칙적인 박자를 좋아하는 이유는 다음에 나올 박자를 쉽게 예측하게 해주기 때문이다. 우리의 예측이 맞으면 보상과 즐거움에 관련된 뇌 호르몬, 도파민이 약간 분비된다.[8]

뇌에서 소리와 움직임이 연결된 방식 때문에, 몸으로 박자를 맞추는 것은 기분을 좋게 해줄 뿐 아니라 대단히 쉽다. 뇌 영상을 확인해보면 음악을 들을 때는 박자에 맞춰 움직이든 아니든, 움직임을 계획하는 영역과 소리를 처리하는 영역이 동시에 활성화된다.[9] 소리와 움직임의 연결은 특별히 춤을 위해 존재하는 것이 아니다. 그것은 공을 잡거나 피하는 자동적이고 무의식적인 종류의 처리를 위해 존재한다. 1장에서 말했듯이, 감각 정보의 궁극적인 목적은 세상 속에서 우리의 움직임에 영향을 주는 것이다.

박자는 뇌-신체 경로를 작동시킨다. 박자에 맞춰 움직이지 않고는 못 배길 방식으로 말이다. 박자는 소리와 움직임에 관련된 뇌 영역 안에 동기화된 전기적 활성파를 통해 이런 일을 한다. 이에 따라 두 영역의 뇌파가 연결되기 시작한다. 마치 두 개의 추가 박자에 맞춰 흔들리듯이. 이 현상은 뇌 전체의 정보 공유를 보다 쉽게 만든다. 동기화된 리듬은 전기적 정보의 배경음 속에서도 분명히 두드러지기 때문이다. 사람이 가득한 경기장의 왁자지껄한 소리에도 축구 팬들의 응원 소리가 두드러지는 것과 비슷하다. 신경의 소음 사이를 뚫고 나가는 박자의 능력은 음악에 맞춰 춤추고 싶은 충동의 핵심이다. 이 능력이 우리를 의식적인 노력이 거의 없이도 박자에 맞춰 움직이게 해준다.

이런 충동에 굴복해서 실제로 몸을 움직이면 누구나 큰 만족감을 얻는다. 벨기에 겐트대학교의 음악심리학자 이디스 반 다이크 Edith Van Dyck는 춤이 또 한 번의 도파민 분비를 유도한다고 말한다. 박자에 맞춘 움직임이 음악과 하나가 되는 느낌을 만든다는 것이다. 박자에 맞춰 발을 구르며 춤을 추면 스스로 박자를 통제하고 있다는 환상마저 느껴진다.

나는 자유형식 무용 수업에서 이런 감정을 맛보았다. 특히 만족스러웠던 시간은 신나는 박자에 맞춰 손과 함께 몸을 흔들다가 발을 구르고, 팔꿈치로 찌르고, 마지막에는 펄쩍펄쩍 뛰게 되는 '스타카토' 부분이었다. 내가 춤에 타고난 것처럼 느껴지는 동작이었다. 아기들이 어릴 때는 곧잘 하다가는 자라면서 쑥스러워하는 종류의 춤이었다.

세계 어느 곳에서든 지나치게 튀지 않게 출 수 있는 한 가지 형태의 춤을 꼽으라면 바로 이런 춤일 것이다. 아프리카에서부터 남미까지, 파푸아뉴기니의 정글에서 오스트레일리아 오지까지 다양한 종족의 춤은 형태와 전통은 모두 다르지만 대부분 음악에 맞춰 고개를 끄덕이며 발로 바닥을 구르고 허공을 손으로 찌른다. 지난 20~30년간 등장한 춤도 이와 비슷하다고 할 수 있다.

이런 종류의 춤이 대륙을 가로지른 데에는 그만한 이유가 있다. 결국 사람의 몸은 만들어진 방식으로 귀결되기 때문이다. 알다시피 진화 역사의 어느 시점에서 우리 조상들은 바닥에 손가락 관절을 끄는 시간을 줄이고 두 발로 뒤뚱거리며 다니는 시간을 늘리기 시작했다. 두 발로 걷기 시작하자 우리의 몸은 다리가 엉덩이에 매달린 진자처럼 흔들리는 새로운 형태의 운동에 적응하게 되었다. 지구상의 어떤 동물도 이런 식으로 움직이지 않는다. 이 움직임은 우리가 춤출 수 있는 발판을 마련했다.

짐바브웨의 속담처럼, 걸을 수 있다면 춤출 수 있다. 그것은 모든 진자가(인간의 다리 중간쯤에 무릎이 있긴 하지만) 예상 가능한 규칙적인 속도로 흔들리기 때문이다. 달리는 사람, 자전거 타는 사람, 그리고 보통의 일을 하는 사람의 움직임을 추적하는 장치를 착용시킨 2005년의 한 연구는, 사람들이 이 활동을 할 때 공명의 빈도가 놀라울 정도로 유사하다는 것을 발견했다. 키, 성별, 나이, 몸무게에 관계없이, 몸은 2헤르츠의 주파수로 공명했다. 1초에 두 번 떨리는 진동을 생각하면 된다. [10]

'2헤르츠'라는 마법의 숫자는 우리가 춤추는 방식과 밀접한 관계가 있다. 2헤르츠는 분당 120박의 속도에 해당된다. 서구의 거의 모든 팝과 댄스 음악의 박자이기도 하다. [11] 놀라운 우연 아닌가? 또한 실험실에서 메트로놈처럼 무릎을 두드려보라고 청하면 사람들이 가장 정확하게 맞추는 속도이기도 하다. 말하자면 모든 인류는 같은 박자에 맞춰 춤추고 있는 것이다.

여담으로, 인간이 음악을 만들고 춤추는 유일한 종처럼 보이는 이유가 궁금한 사람들에게 흥미로운 결과를 소개한다. 인간의 음악은 2헤르츠에 공명하는 인간을 위해, 인간이 만든다. 진화생물학자 테쿰세 피치Tecumseh Fitch는 자신의 에세이에서 아마도 다른 종들은 다른 리듬에 맞춰 움직이기 때문에 우리 음악에 맞춰 춤을 추지 않는 것이고, 그들은 우리 음악을 듣지 못하며, 우리 역시 그들의 음악을 들을 수 없다고 이야기했다.[12] 양몰이를 하는 우리 집 개가 방향과 속도에 관해 무언의 합의라도 한 듯 원을 그리며 달리는 모습을 지켜보면 확실히 그럴 수도 있을 것 같다. 하지만 정말 그렇다면, 우리는 스텝을 따라 밟는 것은커녕 그들의 진동수조차 알아듣지 못하고 있는 것이다. 반면 일부 동물은 많은 연습을 통해 인간의 박자를 맞추는 법을 익힌다. 몇 년 전 '스노우볼'이라고 불리는 유황 앵무새가 인터넷에서 돌풍을 일으키며 연구 대상이 된 적이 있다. 백스트리트보이즈의 음악에 맞춰 까닥이며 움직이는 능력 덕분이었다.[13]

함께 추는 춤

인간인 우리가 모두 같은 박자에 맞춰 춤춘다는 사실은 박자뿐 아니라 서로에게도 쉽게 동기화할 수 있다는 것을 의미한다. 이것은 춤이 우리에게 선사하는 첫 번째 현실적 이득이다. 옥스퍼드대학교의 연구에 따르면, 우리가 하나로 움직일 때 우리의 뇌는 '우리'와 '그들' 사이의 구분을 잃기 시작한다.

이에 관해 설명해보자. 평범한 환경에서 우리는 자신의 몸에서 나온 정보, 자신의 고유수용감각을 '나'와 '내가 아닌 것'에 관한 지침으로 사용한다. 그런데 다른 사람들과 함께 움직이면 우리의 뇌는 혼란에 빠지기 시작한다. 우리 몸에서 오는 자신의 움직임에 관한 정보가 감각을 통해 들어오는 다른 사람들의 행동과 혼합되는 것이다. 결과적으로 자아와 타인의 경계선이 흐려진다.[14] 이는 함께 춤추는 것이 외로움을 이겨내는 쉬운 방법이며 우리를 주변 사람들과 연결하는 데 도움을 줄 수 있음을 암시한다.

춤은 겉으로는 공통점이 거의 없거나 전혀 반대되는 가치관을 가진 사람들을 하나로 모으는 방법이기도 하다. 함께 움직이면서 같은 인간으로서 같은 감정을 느낀다는 사실을 깨닫는 것보다 서로의 차이를 극복하는 더 좋은 방법이 있을까? 역사학자 윌리엄 H. 맥닐 William H. McNeill은 이 현상을 '육체적 유대'라고 표현하고, 이것이 대대로 공동체, 종교, 문화의 중요한 원동력이었다고 주장했다.[15] 우리도 알다시피, 그것은 인간성의 중심적인 요소다.

육체적 유대는 확실히 서로에 관한 관심을 유도한다. 겨우 한 살에 불과한 아이를 어른의 무릎에 앉히고 음악에 맞춰 흔들어주면,

이후 어른을 도울 가능성이 더 높아진다는 실험도 있다.[16] 어린 나이의 동기화 경험이 다른 사람에게 얼마나 관심을 갖는지에 큰 차이를 만드는 것이다. 한편 아이를 박자에 맞추지 않고 흔들었을 때는 어른을 도울 가능성이 크게 떨어졌다. 가혹하게 들리지만 이러한 경향은 우리의 삶 내내 이어지는 것 같다. 성인을 대상으로 한 같은 실험에서 동기화돼 움직이는 시간을 보낸 사람들의 경우, 도박 게임에 협력할 가능성이 더 높았다.

이 때문에 일부 과학자들은 춤이 삶을 헤쳐 나가는 과정에서 나온 단순한 부산물이 아니라, 사회에서의 중요한 역할을 충족시키기 위해 진화한 움직임이라고 보기 시작했다. 집단의 정서적 유대를 강화하여 모두의 이익을 위해 협력하도록 만들기 위해서 말이다.

춤이 모든 인류에게 이익이 되는 것이라면, 과학자들이 여기에 주목하고 있다는 것은 좋은 소식이다. 캘리포니아 데이비스대학교의 심리학자 페트르 자나타Petr Janata와 그의 팀은 '그루브 강화 기계'라고 불리는 장치를 연구하고 있다. 지원자가 리듬에 맞춰 드럼 패드를 치면, 연구자는 지원자와 컴퓨터 파트너 사이의 동기화 정도를 조정할 수 있다. 지금까지 이 연구를 통해 연구자가 얻은 것은 예비 자료뿐이며 사람들이 같은 박자에 맞춰 북을 칠 경우 서로 협력할 가능성이 더 높아진다는 것을 확실히 말할 수 있기까지는 더 많은 연구가 필요하다. 그런데 만약 이것이 사실이라면, 이 장치를 기업 이사회나 국제 지도자들의 회의에 가져갈 수도 있지 않을까? 자나타는 "혹시 모르죠"라고 말한다.

여기에도 생각해볼 지점이 있다. 동기화된 움직임의 힘은 이성적인 사고를 전혀 거치지 않고 우리의 감정을 바로 자극한다. 이 힘을 잘못 이용하면 대중을 세뇌하는 강력한 방법이 될 수 있다고 역사는 말한다. 1934년에 의무화돼 공공장소와 학교에서 하루에도 몇 번씩 이루어진 나치의 경례 제스처가 히틀러의 지지도 상승과 맞물린 것은 아마도 우연이 아닐 것이다.

윌리엄 H. 맥닐은 저서 『함께 박자를 맞출 때Keeping Together in Time』에서 정기적으로 그리고 집단으로 경례하는 것은 본능적인 유대감 형성의 정기적인 기회를 제공했다고 주장했다. 집단 경례가 국민을 위한 정치적 움직임이며 우리 모두가 함께한다는 강력한 정서적 메시지를 보낸다는 것이다. 맥닐은 매년 뉘른베르크에서 열리는 대규모 집회와 나치당 청년회원들이 참가했던 최대 800킬로미터에 이르는 행진 역시 비슷한 기능을 했다고 주장했다. 동기화된 움직임은 인류의 역사 내내 군을 결속시키는 데 이용되었다. 집단의 일원이 된다는 것은 기분 좋은 일이기 때문이다. 기분이 좋아지는 일을 할 때 사람은 그 순간에 몰입하기 마련이며, 스스로의 행동이 옳은지 의문을 제기하기가 쉽지 않다. 그러므로 우리는 누구와 함께 동기화될 것인지 까다롭게 골라야 한다.

그루브를 타다

반가운 소식이 있다. 함께 춤출 사람이 없어서 그냥 가까운 소파와 TV가 있는 곳으로 달려가고 싶은 사람들에게 특히 좋은 소식이다. 페트르 자나타에 따르면, 그루브를 타려면 음악 선택이 가장 중요하다.

심한 곱슬머리에 염소수염을 길렀으며 록밴드 그레이트풀 데드에 열광하는 자나타는 평생 음악인으로 살아왔다. 그는 그루브를 '몸을 가만히 둘 수 없을 만큼 기분 좋은 음악을 듣는 경험'이라고 정의한다. 나는 스카이프를 통해 그를 만났다.

2012년의 연구에서 자나타는 학생 자원봉사자 그룹에 알앤비부터 포크까지 다양한 장르의 음악 148곡을 들려주고는, 어떤 음악이 '그루브'하다고 생각하는지를 물었다. 음악 취향은 각양각색이었으나 모든 사람이 그루브의 의미에는 동의했다. 1위를 차지한 곡은 스티비 원더의 〈슈퍼스티션〉이었다.

그루브라는 기준에서 높은 점수를 받은 많은 노래들이 그렇듯 〈슈퍼스티션〉에는 당김음이 많이 들어 있다. 이는 많은 리듬이 메인 비트에서 벗어난다는 것을 의미한다. 이런 곡은 박자를 찾기가 더 어렵지만 박자를 찾아내고 나면 자신이 무대에서 가장 멋진 사람처럼 느껴진다. 리듬이 달라질 때마다 엉덩이를 돌리고, 옆으로 발을 내딛고, 팔을 흔드는 등 다양하게 자기를 표현할 수 있다. 기분이 좋아지는 것은 물론이다. 자나타는 이런 음악이 밴드와 함께하자는 초대처럼 느껴질 거라고 말한다. 혼자 그루브를 타고 있어도 나 자신보다 큰 무언가에 연결되어 있다는 느낌을 받는 것이다. 자나타가 지적했듯이, 꼭 무대에서 멋지게 춤을 춰야만 춤의 효과를 얻는 것은 아니다. 그는 이렇게 인정한다. "저는 춤을 아주 즐기지는 않아요. 춤을 출 때는 보일 듯 말 듯 아주 작은 움직임으로 추죠. 그렇더라도 저는 완벽하게 그루브를 탑니다. 화려한 춤을 추지 않더라도 굉장히 다채로운 경험을 할 수 있죠."

우리가 원하는 감각

춤이 주는 이득은 집단과의 유대 형성에 그치지 않는다. 댄서였다가 신경과학자가 된 런던 시티대학교의 줄리아 크리스텐슨Julia Christensen은 박자에 열중하는 순간이 우리를 변성의식상태(약물을 복용할 때나 명상할 때처럼 비일상적인 의식 상태-옮긴이)에 빠뜨릴 수 있다고 말한다.

우리는 언제든 우리 몸속과 주변에서 일어나는 크고 작은 일들을 의식할 수 있다. 하지만 동시에 무수한 정보를 전부 고려하지는 못한다. 만약 그렇게 된다면 우리는 감각 과부하를 처리하느라 지쳐버릴 것이다. 대신 우리는 무슨 일이 일어나고 있든 배고픔, 피부를 간지럽히는 벌레, 급한 이메일, 기차를 타기 위해 서두르는 일 등 가장 시급한 일로 관심을 돌린다. 관심의 초점을 여러 일 중 하나에 돌리면 일시적으로 다른 모든 것들을 잊는다.

우리가 주의를 집중할 수 있는 이유는 현재의 목표에 관련된 다양한 뇌 부위의 뇌파가 동기화되고 박자를 맞추면서 뇌 활동의 배경 소음 위로 부각되기 때문이라고 설명할 수 있다. 이것이 음악이 그토록 쉽게 우리의 주의를 끄는 이유다. 모든 처리 역량이 음악에 맞춰 움직이고, 몸의 움직임을 제어하는 풍부한 감각 경험에 사용되면, 미래에 관해 조바심을 내고 과거를 걱정하는 정신 작용은 모두 사라진다. 같은 역할을 하는 화학물질을 우연히 발견하기 전까지 인간이 이용했던 방법이다. 원시시대의 의식이나 가무를 즐기는 열정적인 문화에서 나타나는 무아지경의 경험을 떠올려보자. 무아지경의 상태에서 벗어나면 머리가 맑아지고, 세상과 연결되어 있다는 느낌이 남는다. 이것이야말로 현대인이 필요로 하는 감각이 아닐까?

춤과 감정

내 춤에 관해 말하자면, 다른 사람들의 눈에 춤으로 보일지도 알 수 없는 수준으로 형편없다. 내가 춤추는 동영상은 절대 보고 싶지 않다.

하지만 케빈 에드워드 터너에 따르면, 나의 이런 태도는 대부분의 사람들처럼 내가 춤에 대해 편견을 갖고 있기 때문이다. 우리가 춤이라고 생각하는 것의 대부분은 전문가들이 완벽을 기해 세심하게 만들어 보여주는 루틴이다. 멋지게 보이긴 하지만 나도 할 수 있다는 생각은 좀처럼 들지 않는다. 터너는 그런 생각이 호날두처럼 공을 찰 수 없기 때문에 조기 축구에 나가지 않는 것과 같다고 말한다.

"사람들은 댄서라고 하려면 물구나무를 서서 헤드 스핀을 할 수 있어야 한다고 생각합니다. 그렇다면 저 역시 댄서가 아닙니다. 저는 이렇게 말하고 싶어요. 몸을 움직일 수 있다면 댄서가 될 수 있다고요. 다만 자기만의 방식으로 자신의 이야기와 경험을 표현할 수 있어야 합니다."

그의 말은 무아지경에 이를 때까지 엉덩이를 흔들라는 뜻이 아니다. 의도적인 움직임을 이용해 자신의 가장 사적이고 내밀한 감정을 표현하라는 것이다. 나를 비롯한 많은 사람들은 이런 이야기에 질겁하며 손사래를 친다. 하지만 이런 반감을 극복해야 하는 이유가 쌓여가고 있다.

과학적으로 이야기하자면, 실제로 감정이 무엇인지를 두고 논란이 여전하다. 어떤 이들은 감정이 뇌 기반의 현상으로, 이후 심박수 상승이나 발한과 같은 몸의 변화를 자극한다고 생각한다. 한편 생리적 반응이 먼저고 뇌는 몸의 변화에 맥락과 의미를 제시한다고 믿는 사람들도 있다. 심장이 두근대기 때문에 두려움을 느끼는 것이지, 그 반대가 아니라고 말이다.

정확한 순서가 무엇이든, 감정이 정신-신체 현상이라는 점은 상당히 확실하게 정립돼 있다. 기본적인 감정은 신체에서 매우 유사하게 표현될 뿐 아니라 우리는 아무런 훈련 없이도 다른 사람의 움직임에서 감정을 읽어낸다.

춤이 진화에서 우연히 생긴 부산물이 아니라 고대의 언어라는 견해를 들어보자. 찰스 다윈은 사람을 포함한 동물이 종의 다른 구성원이 읽을 수 있는 신체 언어를 통해 자신들의 감정을 소통한다고 지적했다. 특히 인간 같은 사회적인 종의 경우, 긴밀하게 연결된 사회에서 살아가기 위해 감정을 소통할 수 있는 능력이 꼭 필요하다. 다윈에 따르면 구어가 생기기 이전에는 움직임과 몸짓으로 감정을 소통했다.

수많은 실험은 온몸의 움직임은 물론이고 컵을 들어 물을 마실 때의 팔동작처럼 간단한 움직임에서도 감정을 확실하게 읽을 수 있다는 것을 보여준다. 다섯 살 정도의 어린아이들도 할 수 있는 일이다. 같은 언어를 구사할 필요도, 그들의 문화를 알 필요도 없이 책을 읽듯이 감정을 읽어내는 일이다. 한 연구에서 무용수들은 2,000여 년 전의 힌두교 경전 『나티야샤스트라Natyasastra』에 나온 춤을 선보이고 지원자들에게 춤에서 느껴지는 감정을 물었다. 이 춤에서는 분노, 두려움, 혐오, 재미, 사랑 등 아홉 가지 기본적인 감정을 표현하기 위해 특정한 움직임을 사용한다. 미국과 인도 출신의 지원자들은 똑같이 감정을 식별해냈다. 이런 스타일의 춤을 본 적이 없는데도 말이다.

터너는 춤으로 감정을 표현하는 법은 다른 사람에게 가르칠 필요가 없다고 말한다. "자신감이 필요한 사람들도 있습니다. 하지만 마음을 놓을 수 있는 안전한 환경을 만들 수 있다면, 사람들은 자신이 결코 표현할 수 없다고 생각했던 감정, 정서, 몸짓을 보여주지요." 그는 말한다. "저는 몸이야말로 자기가 가진 모든 문제를 해결할 수 있는 완벽한 도구라고 생각합니다."

이를 증명하듯 그는 2015년 〈위트니스〉라는 댄스 퍼포먼스를 연출하고 직접 출연했다. 이 작품에서 그는 병이 자신과 주위 사람들에게 미친 영향을 탐구했다. 현재 그는 우울증, 불안, 만성 통증을 겪는 청년들과의 작업에 몰두하고 있다.

상처받기 쉬운 사람들에게 감정을 춤으로 나타내라고 격려하기 위해서는 카리스마가 필요하다. 터너에게는 강한 카리스마가 있다. 넘치는 열정과 근사하면서도 짓궂은 분위기, 부드럽고 진심 어린 느낌까지 갖추고 있는 것이다. 그룹의 회원들은 그를 아주 좋아했다. "터너는 정말 대단해요." 한 명이 내게 말했다. "에너지로 똘똘 뭉쳐 있는 것 같아요."

그는 나와 회원들에게 몸을 이완하는 동작을 가르쳐주며 이 공간에서 움직이는 동안에는 몸에 가해지는 물리적 힘에 '항복'하라고 충고했다. 중력을 느끼고, 바닥을 딛고 있는 발을 온전히 의식하면서(내 경우에는 오늘 처음으로) 그룹 전체가 움직이는 방식이 미묘하게 바뀌었다. 마치 마법 같았다. 위로가 되고 진정이 됐다. 터너가 몸과 감정 사이에 항복의 연결고리를 만들어준 덕분이었다. 이 경험은 내가 기대했던 것보다 더 강렬했다.

다음으로 그는 짧은 루틴을 알려주었다. 처음에는 불가능해 보였지만 마침내 제대로 하게 되자 모두가 만족스러운 미소를 띠었다. 하지만 무엇보다 가장 인상 깊었던 활동은 짝을 지어 '리더를 따르라'라는 놀이를 한 것이었다. 짝이 된 두 사람은 서로의 손가락 끝을 마주대고 한 명은 눈을 감는다. 리더는 속도와 방향을 바꾸면서 눈을 감은 파트너를 이끌어 방 주위로 부드럽게 움직여야 한다. 최대한 높게 끌어올리기도 하고 바닥까지 끌어내리기도 한다. 다음으로 역할을 바꾼다.

열일곱 살쯤 되어 보이는 여자아이가 있었다. 어깨를 잔뜩 움츠리고는 다른 사람의 시선을 피하는 모습이 조금 불안정해 보였다. 하지만 수업이 끝나갈 때쯤 나는 아이가 자신감 있게 파트너를 이끄는 것을 곁눈으로 보았다. 다른 사람 같았다. 어깨의 힘이 빠져 있었고 활짝 웃고 있었다. 세상의 모든 도전을 받아들일 수 있을 것 같은 모습이었다. 놀라운 변화였다. 터너가 말하길 이 수업에서 얻은 자신감은 일상에서도 이어진다고 한다.

"엄청나게 달라져요. 스튜디오 문으로 걸어 들어오자마자 자세가 변합니다. 미소를 짓습니다. 이곳에서의 경험이 그들의 학교 성적, 일, 전반적인 생활에도 영향을 줬다는 이야기를 자주 들어요."

또한 춤은 인스타그램이 쏟아내는 허튼소리를 무시하고, 내면으로부터 자신이 가진 몸의 진가를 알아보게 만드는 강력한 도구가 된다. 터너는 나에게 몸에 관한 자신감이 심각할 정도로 없었던 한 젊은 여자의 이야기를 들려줬다. 그룹에 참여하고 몇 주 만에 그 여자는 다시 수영장에 갈 용기를 낼 수 있게 됐다. 연구에 따르면 이런 변화는 일회성이 아니다. 춤은 몸에 관한 인식을 바꾸고, 외모로부터 자유로워질 수 있도록 도와준다.

감정을 춤으로 표현하는 것은 자신의 감정을 아는 데에도 도움이 된다. 우리에게만 허락된 재능이자 저주인 '자각'을 가진 종으로서, 우리 사고를 살피기보다는 오히려 몸으로 주의를 돌림으로써 내면 세계에 보다 가까이 접근할 수 있다.

문제는 자신의 감정에 대해 모르는 사람들이 대단히 많다는 점이다. 여성의 10퍼센트, 남성의 최대 17퍼센트가 자신의 몸에서 감정을 어떻게 느끼는지 식별하고 말하는 데 어려움을 겪고 있다. 10퍼센트는 우습게 볼 수치가 아니다. 영국에서 난독증을 가진 사람들의 비율과 비슷하다. 감정표현불능증alexithymia이라고 불리는 이 증상은 임상적 장애가 아닌 성격적 특성으로 간주되지만, 의사소통 경로를 잃으면 정신질환에 이를 수 있다.[17] 우울증, 불안, ADHD, 섭식장애는 물론 증상의 뚜렷한 신체적 원인이 없는 섬유근육통 같은 만성 통증 질환들까지 모두 연관이 있다.[18] 이 증상은 대개 심각한 영향을 미쳐 스트레스와 정신질환이 유행병처럼 번지는 상황에 이를 수 있다.

체화된 감정과의 연결은 문제 많은 현대사회가 절실히 필요로 하는 치료제일 수도 있다. 댄서이자 신경과학자인 레베카 반스터플 Rebecca Barnstaple은 자신의 박사 학위를 여기에 걸었다.

반스터플은 춤을 통해서 감정에 귀를 기울이는 게 사치나 취미로 취급할 일이 아니며 우리의 정서를 효과적으로 관리하는 데 필수적이라고 생각한다.

반스터플은 춤이 몸의 경고를 처리하고, 스트레스에서 벗어나 생물학적 균형을 되찾게 해준다는 연구를 예로 든다. 반스터플이 말하는 생물학적 균형이란 건강의 증표가 되는 화학적 요소들이 혈관을 돌아다니는 상태다. 춤이 우리 생리에 근본적으로 중요한 일을 할 수 있다는 것이다. 몇 주에 걸친 춤 치료가 가벼운 우울증을 가진 10대 소녀 표본 집단의 감정 상태를 개선했다는 연구 결과가 있다. 이뿐만 아니라 스트레스 호르몬 수치를 현저하게 감소시켰으며, 세로토닌 수치를 높였다(세로토닌의 부족은 우울증과 연관이 있다).[19]

이런 변화는 사실 어떤 종류의 운동을 해도 나타날 수 있다. 하지만 반스터플은 기분, 자아 인식, 전반적인 자신감 향상의 측면에서 춤이 다른 운동보다 우위에 있다고 말한다. 과거의 일이나 미래에 일어날 수도 있는 일을 걱정하는 상황에 대응하는 방법을 연습하기 위해서는 새로운 방식으로 움직이는 게 도움이 되기 때문이다. 대화

치료와 비슷하지만 말 대신 몸짓 언어를 사용한다고 보면 된다.

"어떤 것에 대해 말하는 것과 형상화하는 것은 다릅니다. 느끼고 있는 것을 형상화하는 것에는 그에 관해 말하는 것과는 다른 친밀감과 직접성이 있습니다." 반스터플이 말한다.

이런 종류의 춤에는 음악조차 필요 없다. 중요한 것은 오로지 자신의 움직임에 집중하는 것이다. 집중하면서 몸을 움직인다면 걷는 것마저 춤으로 여길 수 있다는 게 반스터플의 생각이다. 명상이 호흡에 주의를 집중시키듯이 움직임에 주의를 집중하면 우리는 자동조종 상태에서 벗어나 몸을 어떻게 움직일지 직접 결정하게 된다. 일단 하체를 움직일 수 있는 새로운 방법을 찾으면, 생각, 감정, 정서를 다루는 새로운 방법으로 향하는 문까지 열린다.

반스터플은 "춤은 감정에 반응하는 새로운 방법을 시도할 안전한 공간을 제공한다"라고 말한다. "이것은 우리의 레퍼토리를 확장합니다. 우리는 무한한 움직임의 레퍼토리를 가지고 있지요. 아주 조금만 펼쳐도 새로운 가능성이 열려요. 말 그대로 당신의 영역을 넓히는 것입니다."

반면에 하루 종일 앉아서 손가락만 움직인다면, 성장과 발전에 필요한 기술을 놓치는 셈이다. 신체적 레퍼토리의 극히 일부만으로 인생을 살아가게 되는 것이다.

보다 표현적인 춤은 결과가 어떨지에 관한 걱정 없이 안전하게 새로운 행동 방식을 실험할 기회를 준다. 예를 들어, 갈등 상황에서

늘 도망치는 사람은 두려움 없이 자신의 의견을 내세우는 시나리오로 춤출 수 있다. 반스터플은 표현하는 춤이 사람들에게 행동 레퍼토리에 관한 더 많은 선택권을 준다고 말한다. 이렇게 늘어난 행동 레퍼토리를 현실에서 실행해볼 수도 있는 것이다. 과거에 길에서 강도를 만났던 트라우마 상황을 겪은 사람은 스스로를 힘이 없고 약하다고 느낄 것이다. 그러나 춤을 통해 같은 상황을 다른 방식으로 재현해본다면 자신에게 일어난 일에 통제감을 느낄 수 있다.

춤 치료에 비슷한 원리가 사용된다. 반스터플은 "전형적인 춤 치료에서는 '과거의 나, 현재의 나, 미래의 나'와 같은 세 부분의 아이디어를 움직임의 단계를 사용해 표현하도록 합니다"라고 말했다. 춤에 경험을 집어넣으면, 과거로 돌아가서 사건 자체를 바꿀 수 있고 사건을 대하는 자신의 반응을 바꿀 수 있다. 자신의 역사를 다시 쓰는 선택권을 갖게 되는 것이다. 대화 치료가 아무런 준비 없이 문제를 다시 살펴보는 것이라면, 춤 치료는 문제 상황을 적극적으로 되돌아볼 수 있는 방법이다.

어떤 면에서 춤 치료는 마음챙김 명상과 정반대다. 마음챙김의 초점은 사고와 정서에 관여하거나 그것을 바꾸려 하지 않고 다만 알아차리는 데 있다. 반면에 춤은 움직임 속에서 감정을 극대화할 뿐 아니라, 사고와 정서를 대하는 반응에 변화를 줘서 자신이 원하는 방향으로 만들 기회를 준다.

춤을 통해 감정적 경험에 주의를 기울이는 일에는 또 다른 장점이 있다. 연구에 따르면, 춤은 사람들이 자신의 감정과 다른 사람들이 표현하는 감정을 보다 잘 읽을 수 있게 한다.[20] 개인적·사회적 감정을 읽는 능력이 좋아지면 정신이 건강해지며 보다 긍정적인 인간관계를 만들 수 있다.

다만 춤을 통해 감정을 표현하느니 혀를 깨물고 죽고 말겠다는 사람이 많다는 근본적인 문제가 남아 있다. 하지만 이스라엘 하이파 대학교의 신경과학자이자 댄서인 탈 샤피르Tal Shafir의 연구에 따르면, 이것조차 꼭 문제라고는 할 수 없다. 샤피르는 특정 움직임이 행복이나 슬픔과 같은 기본적인 감정과 연결되는 방식을 분석한다. 이는 체화된 인지의 기본적인 원리 중 하나다. 이론적으로, 하루 중 언제든 이런 움직임의 일부를 실행하는 한 춤을 추는지 아닌지는 문제가 되지 않는다는 것이 그의 생각이다.

예를 들어, 샤피르는 행복한 움직임은 발의 가벼움, 팔다리를 뻗거나 위아래로 뛰는 확장성 움직임, 반복적인 율동적 움직임과 관련이 있다는 것을 발견했다. 실험에서 사람들에게 이런 종류의 움직임을 요청하자 그들의 기분이 단 2분 만에 눈에 띄게 좋아졌다. 이런 모든 움직임이 포함된 전통 춤 하바 나길라Hava Nagila를 추는 것은 같은 시간 동안 실내 자전거를 타는 것보다 우울증 증상을 완화하는 데 훨씬 효과적이다. 의자에서 스트레칭을 하거나 점심시간을 이용해 가볍게 걷는 것만으로도 힘든 하루를 헤쳐 나가는 데 큰 도움이 된다.

넘어지지 않는 즐거움

행복한 움직임을 실행하는 데 실패했다면, 확실히 검증된 치료법이 있다. 주방에서 크게 음악을 틀고 음악에 맞춰 몸을 흔드는 것이다. 그리 아름다운 광경은 아니겠지만 가볍게 몸을 흔들기만 해도 확실히 기분이 좋아진다.[21]

좀 황당하게 느껴질 수 있겠지만 이렇게 기분을 끌어올리는 요인의 적어도 일부는 단순히 넘어지지 않는 데서 오는 즐거움일 수도 있다. 맨체스터대학교의 신경과학자였던 재즈 음악가 닐 토드[Neil Todd]에 따르면, 춤의 효과는 내이의 균형으로 귀결된다.

몸의 균형을 담당하는 전정기관은 액체가 채워진 세 개의 관으로 구성되어 있다. 머리를 끄덕이거나, 옆으로 흔들거나, 한쪽으로 기울이면 이 액체도 똑같이 움직인다. 이 정보는 한 쌍의 이석에서 나온 정보들과 결합된다. 이석은 중력의 영향을 모니터해 자신이 어느 방향으로 움직이는지를 알려준다. (127쪽 그림 참조)

화석화된 초기 인간의 전정기관에 관한 연구는 비틀거리며 걷는 시간이 길어질수록 내이의 크기와 모양이 점차 변했다는 것을 보여준다. 세 개의 관 중 두 개의 관이 더 커지고, 앞이나 옆으로 쓰러지는 데 민감해졌다. 넘어지기에 관한 이런 민감한 반응이 우리가 깨닫지 못하는 사이에 춤에 관한 애정에 반영되었을 수도 있다.[22]

토드가 지적하듯이, 이는 내이가 즐거움을 감지하는 뇌 회로인

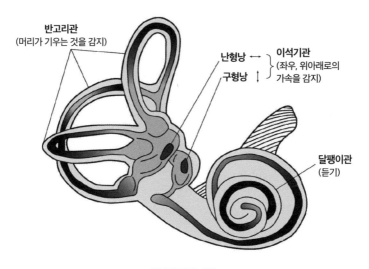

반고리관
(머리가 기우는 것을 감지)

난형낭
구형낭

이석기관
(좌우, 위아래로의
가속을 감지)

달팽이관
(듣기)

내이의 전정기관

변연계에 바로 연결돼 있기 때문이다. 우리가 그네, 롤러코스터, 자전거 페달을 밟지 않고 언덕을 미끄러지는 것을 좋아하는 이유가 여기 있다. 이 모든 행동이 고속으로 돌진하는 것과 관련된다. 공중을 날면서 "와!"라고 외치고 싶은 충동이 드는 것은 초민감성 전정기관과 뇌의 쾌락 지대 사이의 긴밀한 연결 때문이다. 토드는 "이 점을 생각하면, 우리가 몸을 좌우, 위아래로 움직이는 것을 즐긴다는 것이 그리 놀랄 일이 아니다"라고 말한다. 전정기관을 가지고 놀이기구를 타는 것만큼 재미있는 일은 없다. 일단 그런 감정을 맛보면, 계속 반복하고 싶어진다.

이런 일만 벌어지는 것은 아니다. 일반적으로 춤을 추는 곳에는 음악이 크게 들리기 마련이다. 토드는 특정 데시벨 이상이면 음악이 곧바로 이석에 닿는다고 말한다.

이석은 내이에서 아주 오래된 부분으로 한때는 전정기관과 청각기관의 두 가지 역할을 했다. 물고기와 양서류는 여전히 이석의 진동을 통해 듣는다. 진화를 거치는 동안 많은 동물의 달팽이관이 듣는 일을 맡았고, 이석은 중력 탐지를 맡았다. 하지만 토드는 이석이 여전히 들을 수 있다고 믿는다. 저주파이거나 소리가 90데시벨 이상일 때는 특히 그렇다. 여기에 못 미치는 음악은 사람을 움직이게 만들지 못한다.[23] 당연하게도, 록 공연장에서나 댄스 클럽은 90~130데시벨 사이로 음악을 튼다.

이석 중의 하나인 구형낭은 위아래로의 움직임을 감지하는데, 특히 소리에 민감한 것 같다고 토드는 말한다. 우리가 음악에 맞춰 고개를 까닥이거나 발장단을 맞추고 싶은 이유, 무거운 드럼 비트를 들으면 사뿐사뿐 옆으로 움직이는 것이 아니라 바닥에서 발을 구르는 이유가 이 때문이다.

그루브가 있는 당김음 비트는 더 신이 난다. 순간적으로 우리를 균형에서 벗어나게 했다가 다시 정상으로 돌아오도록 만들기 때문이다. 비트가 기대에서 벗어났다가 마침내 그것이 모두 계산되었던 것임이 드러날 때 우리는 웃는다. 비트와 어긋나면 잠깐 동안 불안이 치솟는다. 하지만 아무 이상도 없다는 것을 깨달으면서 안도의 물결이 불안을 재빨리 대체한다.

토드는 "당김음은 운동 중에 비틀거림에 관한 반사 반응을 촉진하는 기제와 비슷하다."라고 말한다.[24] 달리 말해, 인간의 걷기는 '통제된 넘어지기'라고 묘사하는 것이 가장 정확할 것이다. 춤은 더하다. 계속해서 넘어지지 않게 자신을 구하는 일은 좋은 기분을 선사한다.

춤

- **박자에 맞춰 발을 굴러라:** 고개를 까딱이거나 허공을 손으로 찔러도 좋다. 몸으로 박자를 맞추는 것은 기분을 끌어올리는 도파민을 분비시켜 기분을 좋게 만들고 더 움직이고 싶게 한다. 곧 변성의식 상태로 빠져든 자신을 발견하게 될 것이다.

- **함께 춤추라:** 다른 사람들과 음악에 맞춰 움직이는 것은 우리 뇌가 '우리'와 '그들' 사이에 그은 경계를 흐리게 한다. 이는 육체적으로나 정서적으로 서로를 더 가깝게 만들고 협력의 가능성을 높인다.

- **잠시 일어서라:** 탄력 있게 걷거나 점프했다가 부드럽게 착지하는 연습을 해라. 연구에 따르면, 두 발로 서서 가볍게 움직이는 것은 기분을 끌어올리는 가장 빠른 방법이다.

- **평형을 잃어라:** 옆으로 재주를 넘거나, 울퉁불퉁한 언덕을 자전거로 달려 내려가거나, 춤을 추는 동안 머리를 흔들어라. 내이의 균형 기관은 뇌의 쾌락 중추와 연결되어 있다. 넘어질 것 같은 감각은 춤이 우리를 행복하게 만드는 이유 중 하나다.

5

단단한 코어의 힘

1945년, 유명한 코어 운동 프로그램의 창시자인 조셉 필라테스 Joseph Pilates는 "척추를 말고 펴는 운동은 신경을 이완하고, 신경과민으로 생성된 '독소'를 제거한다"는 과감한 주장을 폈다.[1] 오랫동안 몸과 뇌 사이를 오가는 신경 경로를 추적한 신경학자 피터 스트릭 Peter Strick은 최근까지 그런 헛소리에 코웃음을 쳤다. 평생 잔걱정이 많았던 스트릭은 과거의 실수를 곱씹는 자신의 버릇이 건강에 좋지 않다는 사실을 잘 알면서도 코어를 단련하는 게 도움이 된다는 가설을 뒷받침하는 어떤 생물학적 근거도 찾을 수 없었다.

"저희 아이들은 제게 필라테스나 요가를 하면 스트레스 해소에 도움이 될 거라고 항상 말했어요." 스트릭이 말했다. "그러면 저는 '제발, 나 좀 내버려둬라'라고 대답했죠. 그러다가…" 스트릭은 영화 배우 해리슨 포드가 떠오르는 미소를 살짝 지으면서 이렇게 덧붙였다. "이 연구를 하게 된 거죠."

피츠버그대학교의 교수인 스트릭은 매우 진지한 사람이다. 하지만 부드러운 매너, 스트레스로 인한 고통에 관해 털어놓는 솔직함이 그의 날카로운 면을 가려준다. 스트릭은 피츠버그에 있는 자신의 사무실에서 반려동물 마일로를 소개해주었다. 마일로는 거대한 슈나우저로, 스트릭의 정서적 지지자 역할을 수행하고 있었다. 내가 둘 사이에 자리를 잡자 작게 으르렁거렸다.

필라테스에 관한 생각을 바꾼 이유를 이야기하기 전에, 스트릭은 지금까지의 연구 성과를 설명해주었다. 스트릭은 평생 뇌와 신체가 복잡한 신경 경로에 어떻게 연결돼 있는지를 보여주는 지도를 만드는 데 몰두했다. 힘들고 종종 지루한 일이었다. 신경과학 분야의 트레인스포팅trainspotting(기차역에 앉아 들어오는 기차의 번호를 기록하는 일-옮긴이)이라고나 할까? 스트릭은 신체의 어떤 부분이 서로 그리고 뇌와 대화하는지 확인할 수 있는 유일한 방법은 신경계와 주요 분기점의 경로를 추적하는 방법뿐이라고 주장한다. 그는 운동만을 다루는 것으로 여겨졌던 소뇌와 감정이나 인식을 다루는 두뇌 영역들 사이의 신경 연결을 처음으로 발견했다.[2] 사고, 느낌 그리고 움직임 사이의 숨겨진 연결고리를 밝혀내는 게 그의 일이다.

이 분야에서 수십 년 동안 연구한 스트릭은 몸을 부자연스러운 자세로 뒤트는 움직임이 문제에서 주의를 돌리게 하는 효과 이상의 일을 한다는 과학적 근거가 없다고 확신하고 있었다. 하지만 최신의 연구를 통해 발견한 놀라운 결과들은 스트릭이 필라테스에 대해 다시 생각해보는 계기가 되었다. 2016년에 스트릭의 연구팀은 코어 근육의 움직임 통제를 부신과 연결하는 신경 경로를 우연히 발견했다. 부신은 신체 스트레스에 반응하는 영역이다.

이 발견은 자세가 정신과 어떻게 연결되는가에 관한 심리학적 연구 영역에 쏟아지던 비난을 잠재웠다. 또한 필라테스, 요가, 태극권 등의 코어와 관련된 운동이 스트레스, 우울증처럼 뚜렷한 이유 없이 "모든 것이 심리적인 문제"라고 묵살되곤 하는 소위 '심신증 psychosomatic'을 완화하는 것처럼 보이는 이유에 근거를 제시했다.

여담이지만, 스트릭은 심리적인 문제라는 식의 변명을 특히 싫어한다. 스트릭은 영화 〈해리 포터와 죽음의 성물〉의 대사를 즐겨 인용한다. 죽음을 눈앞에 둔 해리는 덤블도어의 영혼에게 이야기한다. "이게 진짜예요, 아니면 제 머릿속에서 일어나고 있는 일이에요?" 덤블도어는 대답한다. "물론 네 머릿속에서 일어나고 있는 일이지, 해리. 하지만 왜 그게 진짜가 아니라는 거지?" 스트릭은 말했다. "바로 이거예요. 이 회로들은 진짜였죠."

이들을 연결 지은 것은 스트릭과 덤블도어만이 아니었다. 오랫동안 정신을 "정보를 받아들여 처리하고 의미를 뱉어내는 일종의 블랙박스"라고 설명하던 신경과학자들이 정신을 진정으로 이해하기 위해서는 목 아래에서 일어나는 일을 고려해야 한다고 생각하기 시작한 것이다.

이 '멋진 신세계'를 한 마디로 깔끔하게 정리하는 기성의 문구는 없다. '전체주의'와 같은 단어를 사용하지 않고서는 몸과 마음을 연결하는 것이 어렵다는 이유도 한 몫을 한다. 전체주의라는 말은 정확하기는 하지만 수십 년에 걸친 뉴에이지적 알맹이 없는 장황설로 인해 이미지가 손상되었다. 신체의 내부 신호가 의식 속에 들어가는 방법을 연구하는 신경과학자인 미카 앨른과 대화하다 보니, 이런 딜레마에 빠진 게 나 혼자만은 아닌 것 같다. 앨른은 자신이 연구하는 것을 "뇌-몸 상호작용"이라고 설명하지만, 그 역시도 이 용어를 사용할 경우 뇌와 몸이 여전히 별개의 존재인 것처럼 보이기 때문에 완벽하지 않다고 말한다. 그런데도 앨른은 뇌와 몸을 연결하려는 것이 "입력-출력 식의 낡은 아이디어에서 벗어나 보다 역동적이고 구체화된 것으로" 나아가려는 시도라고 말한다.

의식을 정신-신체 현상으로 보는 새로운 견해에서는 유달리 코어에 특별한 의미를 두는 것 같다. 우선 코어는 인간의 거의 모든 장기가 위치한 신체 영역이다. 이는 코어가 몸 안에서 어떤 일이 벌어지는지 뇌에 업데이트하는 많은 내부수용감각 메시지의 근원지라는 의미다. 파리 신경과학대학교의 신경과학자인 카트린 탈롱-보드리Catherine Tallon-Baudry는 장기가 몸의 중심에 위치한 것이 우리가 세상에 대한 일인칭 시점을 가진 이유일 수 있다고 생각한다. 우리 몸의 중심에서부터 밖을 내다보는 '나'가 있다는 감각은 심장과 장의 본능적 감각에 관한 신체의 모니터링에서 비롯된다는 것이 그의 이론이다. 심장과 장은 뇌와 독립적으로 각각 자기만의 전기적 리듬을 만들며, 이는 몸의 중심에서 끊임없이 '재깍거리는 시계' 역할을 해, 자신에 대한 감각을 유지하는 믿을 만한 기준점을 제공한다.[3]

코어 근육은 신체의 무게중심 한가운데 있다. 필라테스 강사들이 끊임없이 강조하듯 자세와 균형에 코어가 그토록 중요한 이유다. 움직이지 않을 때도 코어 근육은 약한 수축 상태다. 코어 근육은 체중을 못 이기고 구부정하게 있거나 무엇인가에 기대어 있지 않는 한, 어김없이 상체를 똑바로 유지해준다. 우리가 움직일 때면 코어는 안정적으로 중심을 유지해서, 넘어지지 않고 세상을 탐색하고 상호작용할 수 있도록 한다.

이런 '버티기' 기능은 자동적으로 작동하기 때문에, 사고는 여기에 전혀 개입하지 않는다고 여겨졌다. 하지만 최근의 연구들은 신체의 균형과 정신의 균형이 생각보다 서로 깊은 관련이 있다고 말한다. 사람들에게 일어서서 생각하도록 요구한 실험에서 연구진들은 건강한 사람이 서 있을 때 상체의 흔들림을 줄이기 위해 코어와 다른 근육이 쓰이며, 이로써 눈과 정신이 과제에 집중할 수 있다는 것을 발견했다.[4] 마찬가지로 똑바로 서는 데 집중해야 하는 경우(예를 들어, 험한 지형에서 걸을 때)에는 인지에 약간의 손실이 발생한다.

이는 생각하는 동안 똑바로 서 있을 수 없을 정도로 자세가 좋지 않거나, 똑바로 서 있는 동안 생각할 수 없는 정도로 인지에 손상이 있는 경우에만 문제가 된다. 낙상은 사고사의 흔한 원인 중 하나다. 낙상이 특히 위험한 연령대는 60세 이상의 사람들이지만, 걱정스러

운 점은 우리가 균형을 잃기 시작하는 나이가 놀라울 정도로 앞당겨지기 시작했다는 점이다.[5]

1,000여 명을 대상으로 한 한 연구에서, 여성의 균형 감각은 30세에 절정에 올랐다가 점점 하락하기 시작한다. 남성은 처음에는 균형 감각이 더 나은 듯이 보이지만(아마도 근육량이 더 많기 때문일 것이다), 여성보다 더 이른 20~29세에 균형 감각을 잃기 시작한다.[6] 인지 기능 역시 성인의 초기를 지나면 떨어지기 시작한다. 수많은 두뇌 훈련 프로그램에서는 나이가 들어서도 인지 기능을 유지하려면 머리를 더 많이 써야 한다고 말하지만, 이 연구는 가능한 한 신체의 활동성을 유지하라고 말한다. 이런 효과의 적어도 일부는 모든 종류의 움직임이 코어의 균형 기능을 강화한다는 사실에서 비롯될 것이다.

여러 연구가 서서 균형을 유지하려는 운동이 노인의 인지 기능을 향상하는 동시에, 낙상의 위험을 줄인다는 것을 발견했다. 태극권 등의 운동은 서서 균형을 유지하는 능력에 들어가는 사고의 비용을 줄여주기 때문이다.[7] 이 모든 내용을 고려하면 최소한 중년 이후부터는 코어를 튼튼하게 만들기 위해 노력해야 한다.

코어의 비밀

스트릭의 주 연구 분야인 코어와 감정 통제 사이의 연결에 관해 이야기해보자. 감정적 균형 역시 신체적 안정성에 영향을 준다는 증거가 늘어나고 있다. 예를 들어, 노인 대상의 연구들은 낙상에 관한 두려움 자체가 낙상의 가장 큰 위험 요인이라는 것을 보여준다. 마음속 두려움이 구부정하고 안정적이지 못한 자세를 만든다는 것이다. 이뿐이 아니다. 심리 실험들은 이미 오래전부터 자세가 정신 상태에 중요하다는 것을 보여주고 있다. 불안, 우울증, 정신 분열을 비롯한 정신질환은 모두 낙상의 위험을 높이는 자세와 연관된다.[8]

코어 근육의 활성화와 감정적 반응 사이의 물리적 연관성을 확인하는 것은 중요하다. 수많은 심리학 연구가 둘 사이의 관계를 주목하고 있지만, 바른 자세가 긍정적인 기분과 통제력이 있다는 느낌을 불러오고, 구부정한 자세가 패배감을 느끼게 하는 이유를 설명하는 확실한 기제를 찾지 못했기 때문이다. 중요한 퍼즐 조각을 발견하지 못한 상태에서는 바르게 서는 자세가 불러오는 정서적 효과가 기대 효과로 치부당하거나(바른 자세가 좋다는 얘기를 많이 들어서) 최악의 경우에는 수준 낮은 연구에서 나온 사이비 과학 취급을 받기가 쉽다.

사회심리학자 에이미 커디Amy Cuddy는 직접 이런 일을 겪었다. 2012년 하버드대학교 경영대학원 연구원이었던 커디는 '파워 포즈'라는 주제의 TED 강연으로 큰 반향을 일으켰다. 당시 커디는 콜롬비아대학교의 다나 카니Dana Carney, 앤디 얍Andy Yap과 함께 실험을 했다. 이 실험에서 커디는 첫 번째 그룹에게 2분 동안 발을 벌리고 서서 팔을 뻗는 자세나 발을 책상에 올리고 의자에 기대어 앉는 자세 등 가능한 한 많은 공간을 차지하는 '확장형' 자세를 취하게 했다.

두 번째 그룹은 의자에 웅크리고 앉거나 팔짱을 끼도록 했다. 이후 첫 번째 그룹은 두 번째 그룹보다 스트레스 상황에서 더 나은 성과를 올렸고 좀 더 강해진 것 같다고 보고했다. 연구팀은 당당한 자세가 스트레스 호르몬인 코르티솔의 혈중 수치를 낮추는 한편, 테스토스테론 수치를 높였다는 기록을 보여주었다.[9] 한편 구부정한 자세는 패배감, 사회적 위축, 피로와 이어졌다.

이 주장은 큰 주목을 받아 커디의 TED 강연 조회 수는 급상승했고 미디어는 이 이야기를 대대적으로 보도했다. 커디는 베스트셀러 작가이자 전 세계에서 찾는 동기부여 강사가 되었다. 문제는 다른 심리학자들이 이 실험을 반복했으나 같은 호르몬 변화를 발견하지 못했다는 것이다. 모든 것이 엉망이 됐고 거센 반발이 일었다. 커디는 결함이 있는 과학을 퍼뜨리고 있다는 비난을 들었다. 함께 연구했던 다나 카니마저 연구 결과는 "진짜가 아니다"라는 의견을 발표했다.

현재 카니는 연구에 관해 언급하는 것을 거부하고 있다.[10] 여론의 거친 변동이 종종 그렇듯이, 많은 심리학자들의 바늘이 중립을 향해 조용히 움직이기 시작했다. 현재로서는 대부분이 자세가 중요하다는 쪽을 더 지지하는 듯하다. 해당 연구 분야에 관한 최근의 리뷰를 보면, 사람들이 가장 관심을 가진 내용(확장형 자세를 취하면 좀 더 강해진다는 느낌이 든다는 것)에 관해 긍정적인 시선을 보인다.[11] 다만 우리는 아직 정확한 이유를 알지 못한다. 우리가 말할 수 있는 것은 호르몬 때문은 아니라는 점뿐이다.

당연한 일이지만, 커디는 이 연구에서 손을 떼고 현재는 성인의 따돌림 문제에 집중하고 있다. 파워 포즈를 만들어낸 인물은 다른 분야로 자리를 옮겼지만, 다른 심리학자들은 바르게 서거나 앉는 자세가 통제력을 느끼는 것과 이불 속에 숨고자 하는 것 사이의 차이를 만들 수 있다는 보고를 계속해서 내놓고 있다.

가슴을 편 자세와 구부정한 자세는 다른 동물에게서도 관찰되는데, 이는 이런 자세가 학습된 행동이 아닌 선천적인 행동임을 시사한다. 지금도 구부정한 자세는 상대에게 '항복'을 알리고 어려울 때 '도움'을 요청하는 사회적 신호의 역할을 한다. 인간이라는 존재로서의 장점은 메타인지 능력을 갖고 있다는 것이다. 행동, 사고, 감정을 반성하고 더 낫게 변화하려는 능력 말이다. 자신의 자세를 의식하고 바꾸려고 노력한다면 뇌에 보내는 메시지를 바꿀 수 있다.

뉴질랜드 오클랜드대학교의 건강심리학자 엘리자베스 브로드벤트Elizabeth Broadbent는 자세의 변화가 스트레스를 처리하는 방식을 어떻게 변화시키는지 연구해왔다. 브로드벤트의 실험을 살펴보면, 구부정한 자세로 앉아 있는 사람들은 부정적인 단어를 보다 쉽게 기억했고, 똑바로 앉아 있는 사람들은 긍정적인 단어를 잘 기억했다. 브로드벤트는 실험 참가자들에게 대부분의 사람들이 질색하는 일을 요청했다. 짧은 시간 안에 글을 써서, 낯선 사람들 앞에서 발표를 하라고 시킨 것이다. 사람들의 심박수와 혈압이 높아졌고, 손바닥에는 땀이 흘렀다.

이 연구는 바른 자세로 앉거나 서는 게 스트레스에 완충제 역할을 한다는 것을 보여주었다. 같은 최악의 경험에서도 바른 자세를 취한 사람들은 긍정적인 심리를, 구부정한 자세를 취한 사람들은 부정적인 심리를 느꼈다. 또한 그들의 발표 내용을 분석한 결과 바른 자세를 취한 사람들이 구부정한 자세를 취한 사람들보다 일인칭으로 말하는 횟수가 적었다. 이는 그들이 자신에게 집중하는 경향이 덜하다는 것을 암시한다. 충격적인 결과다. 자기 내면에 집중하는 경향은 우울증의 특징이며 자책하고 과거의 실수를 곱씹는 성향과도 관련되어 있다.

브로트벤트 연구팀이 수행한 다른 실험을 살펴보자. 이 실험은 트레드밀 위에서 바른 자세로 걷고 있는 사람들과 발을 내려다보며 걷고 있는 사람들을 대상으로 이뤄졌다. 연구팀은 두 그룹의 사람들에게 이전과 동일한 스트레스 상황을 던져주고 생리적 변화를 측정했다. 짧은 시간 안에 연설을 해야 하는 모든 사람들은 심박수와 혈압이 높아졌고, 땀을 더 많이 흘렸다. 하지만 머리를 꼿꼿이 들고 등을 바로 펴고 걸으면서 과제를 수행하자 구부정한 그룹에 비해 혈압이 떨어지고 땀이 줄어들었다. 또한 바른 자세의 사람들이 발표 이후의 회복 기간에 훨씬 더 땀을 적게 흘렸다. 이는 바른 자세의 사람들이 구부정한 자세로 스트레스를 받은 사람들보다 회복이 빠르다는 것을 보여준다. 사실 이 실험만으로는 결과의 원인이 바른 자세가 혈압을 자동적으로 낮추기 때문인지, 바른 자세가 스트레스 반응에 미치는 영향 때문인지, 혹은 두 가지 모두 때문인지 확실히 말할 수 없다. 그러나 정확한 기제가 무엇이든, 바른 자세가 스트레스를 줄여준다는 발견을 우리의 일상에 매우 쉽게 적용할 수 있다는 것은 분명하다.

브로드벤트는 이 실험을 통해 한 가지를 더 추측했다. 기울어진 자세를 취하면 시선이 바닥으로 향한다는 것인데, 이것은 우울증의 중요한 특징이기도 하다. 브로드벤트는 구부정한 자세가 내면에 과도하게 집중하게 만든다고 생각한다. 반대로 고개를 들고 주위를 둘러보면 자연스럽게 더 많은 상호작용이 이루어진다.

또한 구부정한 자세가 심장, 폐, 신체의 배관들에 미치는 물리적 영향도 있을 것이다. 이는 혈압과 주변에 공급되는 산소의 양에 영향을 줄 수 있고, 에너지 수치에 연쇄적인 영향을 미칠 수 있다.

브로드벤트는 자신의 연구 결과를 뒷받침하는 기제까지는 설명하지 못하고 있지만(브로드벤트는 "의견을 뒷받침할 충분한 연구가 이뤄지기 전까지는 신중을 기하고 있다"라고 말한다) 그의 연구에서 얻을 수 있는 교훈은 명확하다. 바로 서서 세상을 똑바로 마주한다면 힘든 일도 제법 감당할 수 있는 일로 느껴질 것이다.

물론 같은 효과를 얻을 수 있는 보다 체계적인 방법들이 있다. 바른 확장형 자세는 요가와 태극권의 핵심적인 특징이다. 요가와 태극권은 하버드의과대학 오셔통합의료센터를 이끌고 있는 피터 웨인^{Peter Wayne}의 주요 관심 분야다. 태극권 강사이자 연구자인 웨인은 진화생물학, 최근에는 전인적 의료 분야의 일인자로 인정받고 있다. 그는 경력 초기에 전설적인 생물학자 E. O. 윌슨^{E. O. Wilson}의 가르침을 받았다. 윌슨은 몸짓 언어의 진화에 관한 강의에서 확장형의 승리 포즈를 취하고 있는 전 세계 사람들의 이미지를 보여주었다. "그 이미지들을 보니 눈물이 났습니다. 저는 이미 태극권에 푹 빠져 있었거든요." 웨인이 말했다.

웨인은 체화된 인지와 움직임에 관한 최근의 분석을 통해 결론을 내렸다. 태극권과 요가는 기분을 끌어올리고, 차분하게 감각을 집중시킨다. 웨인은 일본의 선불교 지도자인 스즈키 순류^{Suzuki Shunryu}의 말을 인용한다. "바른 자세는 바른 마음 상태를 얻기 위한 도구가 아니다. 바른 자세를 취하는 것 자체가 올바른 마음 상태를 갖는 것이다."[12]

위장의 문제

피터 스트릭의 연구실로 되돌아가보자. 반려견 마일로는 더 이상 으르렁거리지 않았지만, 여전히 나에게 시선을 두고 있었다. 스트릭은 그의 팀이 진행하는 연구가 '자세가 정신 상태에 왜 중요한가'를 설명하는 데 큰 기여를 할 뿐 아니라, 우리 모두에게 현대 생활의 스트레스를 다룰 수 있는 도구를 제공하리라고 생각한다.

2012년, 데이비드 레빈탈David Levinthal이라는 위장병학자가 연구팀에 합류했다. 스트릭의 신경 추적 방법을 사용해 스트레스가 위장 건강에 어떤 영향을 미치는지 알아내기 위해서였다. 그 당시에 레빈탈은 움직임은 전혀 고려하지 않았고, 그저 왜 그렇게 많은 위장의 문제가 스트레스로 악화되는지 알고 싶었다. 그리고 위장에 관여하는 스트레스 반응에 관련된 뉴런을 뇌까지 추적해볼 생각이었다.

늘 걱정이 많았던 스트릭은 이런 의문을 가졌다. "어린 시절부터 저는 장에 문제가 있었습니다. 부모님이 병원에 데려갔지만, 의사는 '아무 문제도 없습니다. 심리적인 문제예요. 모든 문제는 아이 머릿속에 있습니다'라고 말했죠." 레빈탈과의 공동 연구는 스트레스 시스템의 일부인 부신을 표적으로 삼아, 뇌로 가는 신경 경로를 추적하는 방식으로 진행했다.

부신은 신장 바로 위에 있으며, 투쟁-도주 반응을 유발하는 아드레날린을 내보낸다. 대부분의 투쟁-도주 반응은 부신의 중추인 부신수질에서 일어난다. 부신수질은 변형된 신경세포로 이루어져 있는데, 이들 세포는 혈액에 아드레날린을 방출할 뿐 아니라 척수와 뇌에 이르는 직통 라인을 갖고 있다. 그 직통 라인은 대단히 빠른 신경선으로 만들어졌다.

신경 경로를 추적하는 것은 성가신 과정이다. 이런 추적이 자주 이루어지지 않는 데에는 그만한 이유가 있다. 바이러스를 관심이 가는 장기에 주입하고(이상적으로라면 오로지 뉴런에만 침투하는 바이러스), 그것이 신경계 전체로 퍼지며 뇌까지 올라가기를 기다려야 한다. 이후 뇌 샘플에 바이러스가 이른 곳을 보여주는 표지를 붙인다.

몇 해에 걸쳐 소아마비, 구강 발진 등 뉴런에 침투하는 다양한 바이러스들을 시도한 끝에 스트릭과 동료들은 이 일에 가장 적합한 바이러스가 광견병 바이러스라는 것을 발견했다. 광견병 바이러스는 신경 경로를 고속도로처럼 사용한다. 신체의 진입 지점에서 척수로 이어져 뇌로 향한다. 감염이 한 뉴런에서 다른 뉴런으로 뛰어넘어, 개별 세포들 사이의 연결 부위를 통과하면서 신경망을 따라 이동하는 데에는 며칠, 때로는 몇 주가 소요된다. 뉴런에만 침투하고 주변 조직은 건드리지 않는 특정한 종류의 광견병 바이러스를 사용하면, 경로를 명료하게 알 수 있다. 치료법이 없는 광견병 바이러스를 사용하기 때문에 인간 실험은 불가능하다.

이 사실을 듣기 좋게 설명할 수는 없을 것 같다. 이 발견을 위해 여러 마리의 원숭이가 죽었다. 나는 스트릭과 마찬가지로 동물을 사랑한다. 우리는 실험 윤리에 관해 여러 차례 이야기를 나누었다. 우리가 도달한 결론을 요약하자면, 쉬운 답은 없다는 것이다. 원숭이의 뇌가 인간의 뇌와 대단히 비슷하다는 사실은 원숭이 실험을 지지하는 논거가 될 수도 있지만 반대로 원숭이 실험을 반대하는 주장의 논거도 될 수 있다. 쥐 실험은 원숭이만큼 그만큼 논란이 크지는 않겠지만, 스트릭은 설치류에게는 인간의 전문화된 피질 영역 대부분이 없기 때문에 실험이 무의미하다는 점을 지적한다. 그는 가로

등 아래에서 잃어버린 열쇠를 찾는 취객 이야기와 비슷하다고 이야기한다. 지나가던 사람이 도움을 주려고 어디서 열쇠를 잃어버렸느냐고 묻는다. 취객은 "저기 공원에서요"라고 답한다. "그런데 왜 여기에서 찾고 계세요?" 지나던 사람이 묻는다. 이 질문에 취객은 답한다. "보이는 곳이 여기뿐이니까요."

"설치류로 연구를 할 수는 있겠지만 그것으로는 아무것도 알아낼 수 없습니다." 스트릭이 말한다. "하나의 방법일 수는 있겠지만 가로등 아래에서만 답을 찾는 것과 같죠. 이 시스템에 관해 뭔가 배우고 싶다면 인간이 아닌 영장류를 이용한 책임 있는 실험이 유일한 방법입니다."

결국 이것은 목적이 수단을 정당화한다고 생각하는지 아닌지 결정한 후에야 내릴 수 있는 가치 판단의 문제다. 스트릭은 원숭이들이 광견병 증상으로 고통받지는 않는다고 조심스레 말한다. 바이러스는 신경계를 지나는 동안 최대 몇 주까지 존재감을 전혀 드러내지 않는다. 또한 그는 신경학적 질병에 대한 치료법은 거의 없다고 지적한다. 우리가 신경계의 연결에 관해 충분히 이해하지 못하고 있기 때문이다. "동물 실험을 하지 말아야 한다는 사람들의 주장도 이해합니다." 그가 말한다. "하지만 그와 동시에 저는 인간의 상황을 개선하는 것도 꼭 필요하다고 생각합니다."

스트레스를 줄이는 움직임

많은 사람들이 약간의 불안을 안고 살아간다. 그러다 보니 스트레스가 건강에 미치는 영향이 과소평가되는 경향이 있다. 만성 스트레스는 심장 질환에서 암, 알츠하이머, 우울증까지 생명을 위협하는 거의 모든 질병의 위험성을 높인다. 번아웃, 중독, 범죄와 같은 사회적 대가도 치러야 한다. 이 모든 것이 삶의 문제에 압도되는 사람들과 어떤 식으로든 연관된다. 스트레스를 통제하는 경로를 찾는 일은 우리가 스트레스를 효과적으로 관리하는 방법을 알려줄 것이다.

이를 고려하면, 부신수질이 움직임과 연관된 두뇌 영역에 연결된다는 사실은 놀라울 정도로 중요한 발견이다. 이 발견은 스트레스를 관리하기 위해 생각하는 방법을 바꾸거나 깊숙이 자리 잡은 정서적 습관을 바꾸려고 노력하는 것과는 전혀 다른 방법을 제시한다. 또한 운동을 다른 형태의 치료에 곁들이는 부수적인 방법으로 취급해서는 안 된다고 알려준다. 운동을 정신 건강의 주요 치료법 중 하나로 생각해야 하고, 마음챙김 명상이나 인지행동치료만큼 중요하다고 인식해야 한다.

스트릭은 원숭이 뇌의 운동 피질을 관찰하면서, 코어에 동력을 공급하는 뇌 영역에 부신수질로 오가는 연결고리가 압도적으로 많다는 것을 발견했다. 스트릭은 이렇게 말한다. "움직임에는 뭔가 중요한 것이 있습니다. 그 사실에 관해서는 의문의 여지가 없습니다.

코어를 활성화하는 동작은 다른 어떤 곳보다 부신수질에 큰 영향을 미칩니다."

그러나 스트레스 관리가 모두 코어에 달려 있는 것은 아니다. 분명 우리는 문제 상황에서 감정을 가라앉히는 다른 방법들을 가지고 있다. 부신수질로 향하는 연결의 상당 부분이 두뇌의 인지 영역들, 특히 상충되는 정보를 이해하는 데 도움을 주는 영역들에서 비롯된다. 이들 영역은 당연히 문제나 불안에서 벗어나는 방법을 찾을 때 작동한다. 마찬가지로 마음챙김 명상을 하는 동안 활성화되는 것으로 알려진 전전두피질의 정서 기반 영역 역시 부신수질에 연결돼 있다. 이는 명상이 순간적으로 스트레스를 완화하는 이유를 설명해준다.

흥미롭게도 등에서 들어오는 감각 정보를 처리하는 뇌 영역 역시 스트레스 시스템과 대화한다. 이는 우는 아이의 등을 토닥이거나 쓰다듬으며 진정시키는 이유, 등 마사지가 유독 편안하게 느껴지는 이유를 설명해줄 수도 있다.

부신으로 향하는 몇 개의 연결고리는 웃을 때 생기는 눈가의 근육을 제어하는 운동 피질의 일부에도 나타난다. 이를 보여주는 실험이 있다. 까다로운 과제를 수행하는 사람들에게 눈가 근육을 수축해 활짝 웃으라고 요청하는 실험이었다. 지원자들에게 맡겨진 과제는 평소에 사용하지 않는 손으로 별의 윤곽선을 따라 그리는 것이었다. 2분 안에 최대한 많이 그리는 사람에게는 초콜릿이 상으로 주어졌다. 쉬운 과제로 보일 수 있지만 함정이 있었으니 종이가 상자 안에 숨겨져 있어서 거울로 손을 비춰 봐야 했다. 설상가상으로 지원자들은 대부분의 사람들이 2분 안에 별 8개를 그렸으며 실수는 25개 이하였다는 이야기를 들었다. 이것은 사실이 아니었다. 평균은 겨우 2개였고 실수는 25개 이상이었다.

지원자들의 심박수 측정을 통해 알아낸 바에 의하면 짜증스러운 과제의 내용에도 불구하고 눈까지 활짝 웃었던 사람은 이만 보이며 웃었던 사람에 비해 스트레스를 덜 받았고, 받더라도 빨리 정상으로 회복되었다.[13]

이는 웃을 때 쓰는 근육이 정신적 스트레스를 처리할 수 있다는 것을 보여준다. 크게 웃으면 스트레스 제어의 두 축을 한번에 이용할 수 있다. 최근의 한 연구는 크게 웃는 것이 윗몸일으키기보다 좋은 코어 운동이라는 것을 발견했다.[14] 친구들의 유머 감각이 훌륭하지 않다면 크게 웃을 때 사용되는 근육을 단련하는 '웃음 요가'를 연습해보자. 몇 건의 연구 결과가 그 효과를 증명해냈다. 억지로 크게 짓는 웃음도 진심에서 우러나오는 웃음과 동일한 방식으로 신체의 변화를 유도하며, 그 과정에서 우리는 좋은 기분을 느낀다.[15] 웃음 요가는 우울증 치료에 추가할 수 있는 유용한 방법이며 불안과 스트레스를 덜어준다.[16]

몸통의 중요성

모든 움직임의 중요한 토대는 몸통의 안정화다. 몸통이 사지가 움직일 수 있는 기반을 제공한다는 단순한 이유에서 말이다. "선 채로 손을 뻗을 때 코어 근육을 수축시키지 않는다면 서 있는 상태를 유지할 수 없습니다." 스트릭이 말한다. 그는 거의 모든 움직임에는 코어 근육의 일부인 골반저 근육의 수축이 따른다고 말한다. 그의 표현에 따르면 "장이 뒤로 튀어나오는 것"은 누구도 바라지 않기 때문이다.

스트릭이 연구하는 신경 추적에 따르는 유일한 문제는 부신으로 가는 신호의 내용이 '활성화'인지, '완화'인지 혹은 둘 다인지 구분할 수 없다는 점이다. 하지만 스트릭의 말에 따르면, 우리는 많은 심리학 연구 덕분에 자세가 우리가 느끼는 방식에 영향을 준다는 것을 이미 알고 있다. "우리는 그 신호가 어떤 것인지에 관한 많은 힌트를 갖고 있습니다. 우울증을 겪는 사람을 보면 자세가 좋지 않습니다. 바른 자세에는 긍정적인 영향을 주는 요인이 있습니다."

스트릭에게서 좀 더 많은 이야기를 끌어내고 싶었던 나는 그것이 '완화' 신호가 아니라, '활성화' 신호를 끄는 것일 수도 있지 않겠냐고 물었다. "제 생각도 크게 다르지 않아요." 그가 대답했다. "그렇지만 제가 당신에게 말해줄 수 있는 것은 코어에 스트레스를 완화하는 무엇인가가 있다는 증거가 많다는 것입니다. 저는 이것으로 충분합니다." 적어도 지금으로서는 말이다.

일상의 습관 바꾸기

사람들은 하루 종일 앉아 있으면서 움직임의 중요성을 무시한다. 하지만 좋은 소식이 있다. 코어 근육이 모든 일에 관여한다는 사실 덕분에, 당신이 어떻게 움직이든 코어는 스트레스를 완화하는 데 도움을 준다. 유난히 스트레스가 심한 상황에서 코어를 강하게 자극하는 운동을 하면 뇌에 스트레스가 물러날 것이라는 메시지를 보내는 데 도움을 줄 것이다. 또한 복부 근육을 건강한 상태로 유지하면 중년의 균형 감각 저하를 늦춘다.

일상의 습관을 조금만 바꿔도 건강해질 수 있다. 앉아 있는 것은 흡연만큼 나쁠 수 있다. 바르게 몸을 고쳐 앉든, 공 위에서 균형을 잡아 앉든, 코어를 자극하는 자세는 무릎에 노트북을 두고 소파에 구부정하게 앉는 자세보다 훨씬 낫다. 걷기도 마찬가지다. 고개를 들고, 등을 펴고, 모두에게 미소를 지으며 걸어보자. 런던이나 뉴욕에서라면 이상한 시선을 좀 받게 되겠지만, 도시 생활에서 오는 스트레스를 줄일 수 있다면 남의 시선은 중요하지 않을 것이다.

스트레스 관련 질병을 가진 사람들이라면 더 큰 효과를 볼 수 있다. 스트릭과 공동 연구를 한 데이비드 레빈탈의 연구팀 역시 처음에는 질환이 심리적이라는 생각을 갖고 있었다. 하지만 그는 '심인성' 질환이라는 꼬리표가 붙었던 질환들이 실은 정신-신체 상호작용의 기능 장애로 보이며, 코어 근육의 단련이 도움이 될 수 있다고 말한다.

이런 면에서 흥미로운 발견이 하나 있다. 건강한 장은 음식과 공기를 옮기며 생기는 배 안의 압력 변화를 상쇄하기 위한 운동을 하는데 이때 코어 근육이 자동적으로 수축된다. 과민성대장증후군이 있는 사람들의 경우, 이런 반사 반응이 적절히 이루어지지 않는다고 레빈탈은 말한다. 이는 과민성대장증후군이 복부 팽창을 유발하는 이유를 설명해줄 수 있다. 과민성대장증후군 환자가 요가를 하면 증세가 완화되는데, 이것 역시 코어 운동이 스트레스와 위장 문제에 도움을 준다는 생각을 뒷받침한다. 코어 운동은 여러 면에서 도움이 될 수 있다. 정신-신체의 신경 경로를 활성화하는 것뿐 아니라, 배를 안으로 끌어당기는 근육을 강화함으로써 스트레스를 감소시킨다.[17]

"요가, 태극권, 필라테스가 스트레스 완화에 효과가 있다고 생각합니다. 코어 근육 운동이 큰 몫을 할 수 있다는 인식이 떠오르고 있습니다." 레빈탈의 말이다.

단단한 코어의 힘

코어는 춤추고, 걷고, 공중제비를 도는 등 다양한 움직임과 감정 통제 사이의 연결에서 기반이 되어준다. 특히 눈에 띄는 코어 근육은 요근(허리 근육)이다. 척추와 대퇴골 윗부분을 연결하는 요근은 횡격막과 밀접한 관련이 있다.

호흡을 움직임과 연결하는 요근의 위치 때문에, 요가, 필라테스, 이 둘을 결합한 자이로토닉에서는 요근을 '스트레스 반응을 도주나 심호흡과 같은 신체적 활동과 연결시키는 근육'이라고 말한다. 그 이론에 따르면, 앉아 있는 시간이 길면 요근이 짧아지기 때문에 스트레스를 받는 게 당연하다. 우리는 앉아 있는 내내 약한 투쟁-도주 반응의 상태에 있는 것이다.

지금까지 이런 주장은 얼마 안 되는 연구 결과와 추측으로 이루어져 있었다. 하지만 스트릭이 스트레스 반응과 코어 사이의 연결에 관해 발견한 것을 고려하면, 강한 호기심을 갖지 않을 수 없다. 더 많이 움직여서 요근을 늘리고, 기름칠하고, 다른 코어 근육과 함께 단련한다면 스트레스 반응에 보다 효과적인 대응법을 찾을 수 있을 것이다.

현재로서 필요한 연구는 다른 개입 없이 코어 단련만으로 스트레스 통제가 가능하다는 연구다. 지금까지 필라테스의 정신 건강 증진 효과를 보여주는 연구가 몇 개 있었다.[18] 하지만 아직까지는 코어 안정성의 요소를 호흡, 나를 위한 시간, 치료사가 주는 진정 효과와 따로 떼어 생각할 수 없다.

레빈탈은 더 많은 연구가 필요하다고 인정한다. 하지만 그는 "복부 근육을 통제하는 두뇌 영역이 이런 장기들과 연결된 부분의 한

가운데 있는 것을 우연이라고 보기는 힘들 것 같다"고 덧붙였다.

아직 우리는 퍼즐의 마지막 조각이 나타나기를 기다리고 있다. 하지만 이 핵심 근육을 최대한 튼튼하게 만들기 위해 노력하라고 조언할 만큼의 근거는 있다. 코어 근육 단련은 최소한 자세를 좋게 만들 것이고, 바른 자세는 기분과 인지에 즉각적인 영향을 미친다. 삶의 질을 높이는 여러 측면의 기반이 되는 신체 영역을 단련하는 게 해가 될 리는 없다. 요가를 하든 춤을 추든 걷든 체육관에서 등을 대고 눕든, 코어를 단단하게 만들어라.

움직임 수업
코어

- ○ **코어 운동을 하라**: 달리기, 필라테스, 요가, 수영 뭐든 좋다. 코어를 활성화하는 운동을 꾸준히 하라. 스트레스가 줄어들고 긍정적인 사고에 도움이 될 것이다.

- ○ **웃어라**: 크게 웃는 것은 윗몸일으키기보다도 효과적으로 코어 근육을 단련시킨다. 눈까지 접히게 웃는 것은 1초 만에 스트레스를 완화시킨다.

- ○ **바른 자세로 앉고, 일어서라**: 구부정한 자세를 하고 있으면 긍정적인 생각을 하기가 힘들다. 바른 자세로 앉고 서는 것은 보다 긍정적인 사고를 불러온다. 고개를 들고 정면을 응시하면 더 좋은 효과를 볼 수 있다.

6

기분이 좋아지는 가장 빠른 방법,
스트레칭

하버드대학연구소에서 쥐 한 마리가 견상 자세(강아지가 기지개를 켜는 듯한 동작-옮긴이)를 취하고 있다. 빨간 눈은 반쯤 감겨 있고, 나만큼이나 그 자세를 즐기는 듯하다.

스트레칭은 삶의 즐거움 중 하나이자 움직임을 이용해서 기분을 바꾸는 가장 빠른 방법이다. 의자에 붙어서 몇 시간을 보낸 후라면 특히 더 그렇다.

스트레칭이 긴장한 근육을 이완하는 방법 이상의 효과를 나타낸다는 게 점점 분명해지고 있다. 앞서 말한 하버드대학연구소에서 쥐를 대상으로 한 연구에 따르면, 스트레칭은 심신에 광범위한 영향을 미치는 '전신 리셋 버튼'의 역할을 한다. 또한 건강의 생물학적 기반에 영향을 준다.

엄밀히 말하자면, 한참 동안 움직이지 않고 있다가 하는 스트레칭은 보통의 요가 수업에서 하는 스트레칭과 약간 다르다. 팔을 Y자로 뻗은 상태에서 견갑골을 끌어내리고, 턱이 빠질 것처럼 입을 크게 벌린다. 바로 기지개다. 여기에는 의식적인 통제가 전혀 없다. 이 자세는 포유류와 일부 조류에게서 많이 관찰되기 때문에, 휴식 이후 근육을 깨우는 반사작용으로 진화한 것으로 여겨진다. 근육이 움직일 준비가 되었다는 것을 상기시키며 두뇌에 이르는 감각 신경을 깨우는 것이다.

안타깝게도 인간은 이런 행복한 동작을 운동 전후에 해야만 하는 것, 훨씬 재미없는 것으로 바꿔놓았다. 반드시 스트레칭을 해야 하는가에 관한 답은 아직 확실치 않다. 과학자들은 스트레칭이 운동 중에 부상을 입을 가능성에 차이를 만드는지, 운동의 효과를 높이거나 저해하는지에 관해 의견 일치를 보지 못하고 있다. 그런데 심신 상호작용의 맥락에서 그보다 더 흥미로운 사실이 있다. 스트레칭이 신체 조직의 물리적·화학적 특성을 세포의 수준까지 변화시킨다는 증거가 나왔다. 면역 체계를 통해서 몸 전체에 파급효과를 일으키고, 정신과 신체 사이의 모든 중요한 연결에 영향을 미칠 수 있다는 것이다.

스트레칭의 새로운 기능에서 놀라운 부분은 근육에서 일어나는 일만은 아니라는 점이다. 우리는 근육 스트레칭이 긴 시간 앉아 있느라 부분적으로 수축된 근육을 풀어준다는 것을 잘 알고 있다. 앞서 생긴 긴장은 목, 어깨, 엉덩이에 불균형하게 영향을 준다. 집중하기 위해서는 머리를 고정하는 근육들이 열심히 일해야 하기 때문이다. 또한 우리는 의자에 앉았을 때 골반을 젖히는 경향이 있다. 이는 허리에 부담을 주고, 장요근을 비롯한 허리 앞쪽 근육을 짧게 만든다. 한동안 앉아 있었다면 스트레칭으로 경직된 근육을 풀어줘야 한다.

면역의 연결고리는 완전히 다른 종류의 조직에서 비롯된다. 근막이다. 근막은 기본적으로 우리 몸을 하나로 묶는 결합조직의 한 종류다. 근막은 장기가 서로 부딪치지 않고 필요한 부위에 머무르는 이유다. 근막은 어디에나 있다. 이 피복들이 장기를 구획으로 나누고, 모든 근육 섬유, 동맥, 개별 근육을 둘러싸 우리가 움직일 때 근육들이 분리된 채로 서로 빗겨 갈 수 있게 해준다. 하버드대학연구소에서 앞서 소개한 '쥐 요가 실험'을 진행하고, 현재는 미국국립보건원에서 근막을 연구하고 있는 헬레네 랑주뱅Helene Langevin에 따르면, 모든 장기, 뼈, 신경세포를 제거하고 근막만 그대로 둔다 해도 근막은 이전과 같은 형태를 유지할 것이라고 한다.

엄밀하게 말하면 결합조직은 뼈에서 혈액, 지방, 연골, 힘줄, 피부에 이르는 온갖 것을 아우르는 포괄적 용어다. 이 조직들 모두가 거의 같은 기본 구조를 갖고 있다. 세포와 다양한 단백질들이 일종의 매트릭스에 자리하고 있다. 서로 다른 유형의 결합조직은 각 성분의 상대적 양뿐만 아니라, 매트릭스에 섞여 있는 다른 성분 때문에 차이가 나타난다. 예를 들어 뼈와 치아의 경우, 조직을 단단하게 하는 칼슘이 함유돼 있다. 근막은 콜라겐과 스프링 같은 엘라스틴 섬유로 짜인 강하면서도 유연한 막이다.

어디에나 있음에도, 아니 어쩌면 그 때문에 근막은 다른 신체 조직에 비해 연구가 많이 이뤄지지 않았다. 과학 발전의 초기 단계부터 해부학자들은 근막을 찢어 쓰레기통에 던져버렸기 때문에, 그 밑에 있는 흥미로운 것을 보지 못했다. 해부학의 숲에서 나무만 보고자 한 사람들은 그저 끈적거리고 뭉글거리고, 때로는 고무 같은 흰 물질을 쓸데없다고 생각한 것이다. 그들은 자연의 랩처럼 생긴 물질의 특성을 연구하는 데 공을 들일 이유를 찾지 못했다. "음… 느슨한 결합조직이 다른 신체 부위를 연결하거나 깔끔하게 감싸고 있군." 끝!

반면 대체 치료사들은 오래전부터 여기에 매료돼 있었다. 아이다 롤프Ida Rolf는 1940년대에 일종의 심층 조직 조작술을 발명했다. 롤프는 이를 "구조 통합Structural Integration"이라고 부르고, 다른 모든 사람들은 "롤핑Rolfing"이라고 부른다. 롤프는 근막을 '지구 중력장(실제)'에 맞춰 신체의 '에너지 장(추정)'을 정렬하는 데 필수적인 요소로 생각했다. 지압사들과 접골사들 역시 마사지와 조작을 통해 근막을 풀 수 있고, 이로써 움직임을 보다 부드럽게 만드는 것은 물론이며, 온갖 종류의 병을 치료할 수 있다고 믿는다. 최근 들어 근막은 대체 의학계의 유행어가 되었다. 마사지사, 요가 강사, 건강 전문가들이 하나같이 이 주제를 받아들여 증명된 것과 증명 불가능한 것을 함께 매끄럽게 엮어낸 덕분에 무엇을 믿어야 할지 알기 힘든 상황까지

왔다.

지난 10여 년 동안 과학자들도 근막에 관심을 갖기 시작했다. 환상에서 진실을 가려내는 임무를 갖고 있는 내 입장에서, 이 분야의 많은 과학자들이 롤퍼^{Rolfer}나 지압사, 요가 강사, 침술사라는 부업을 갖고 있거나 대체 의학에 관해 개방적이라는 점은 어색하게 느껴진다. 이 때문에 나는 그들이 자신이 연구하는 것에 관해 완전히 객관적이라고 믿기가 힘들다.

그래서 나는 이 주제에 관한 랑주뱅의 이야기를 들어보기 위해 그와 접촉해도 좋을지 조금 망설였다. 얼마 전 그는 연구 논문을 발표했다. 신체의 주요 근막 이음부를 따라 분포하는 경맥(기혈이 순환하는 보이지 않는 선)을 보여주는 논문이었다.[1] 일부 과학계 인사들은 눈살을 찌푸렸다. 하지만 랑주뱅은 하버드대학교 교수를 거쳐 현재는 미국국립보건원 원장으로 근무하는 대단히 실력 있는 과학자다. 랑주뱅의 연구를 제대로 살피지 않은 채 폄하부터 하고 싶진 않았지만 이런 질문이 떠오르는 것을 막을 수는 없었다. 랑주뱅은 몸을 흐르는 눈에 보이지 않는 에너지가 있다고 정말 믿는 것일까?

"이것들은 가설이지, 사실이 아닙니다." 랑주뱅이 더없이 객관적으로 내게 말했다. "가설과 사실을 구분해야 합니다. 전통을 존중하는 것도 중요하지만, 동시에 이들이 과학적 용어가 아니라는 점을 인식하는 것도 중요합니다."

침술에 관한 랑주뱅의 관심은 1980년대에 시작되었다. 의사로 활동하던 랑주뱅은 만성 통증으로 자신을 찾은 환자들에게 제공할 수 있는 치료가 제한적이라는 데 불만을 느끼게 됐다. 랑주뱅은 적어도 침술에 관한 환자들의 질문에 어느 정도의 지식을 가지고 대답할 수 있기를 바라며 공부를 해보기로 마음먹었다. 침술 수업 중에 그는 관심을 끄는 부분을 발견했고, 결국 스트레칭의 과학을 연구하게 되었다.

"침을 조종하는 법을 배울 때 선생님들은 침을 돌려야 한다고 말했습니다." 랑주뱅이 내게 말했다. "바늘을 만지다 보니 안에서 무슨 일인가 벌어지고 있다는 것을 느낄 수 있었습니다." 랑주뱅이 느낀 것은 마치 바늘이 피부 밑에 있는 무언가를 움켜쥔 것 같은, 약간의 당기는 느낌이었다. 침을 맞는 사람은 바늘 둘레 몇 센티미터 주위로 둔한 통증을 느낀다. 침술 용어로 이것은 '득기得氣'라고 한다.

약 10년 뒤에 랑주뱅은 의료에서 연구로 전향했고, 마침내 바늘이 피부를 뚫고 들어갔을 때 세포 수준에서는 실제로 어떤 일이 일어나는지 연구할 기회를 얻었다. 쥐의 조직 샘플을 현미경으로 보자 명확해졌다. 침이 피부 바로 밑 근막 층에 닿으면, 바늘은 근막에 내구력을 주는 콜라겐 섬유 가닥들을 집는다. 이후 바늘을 돌리면, 섬유가 포크에 스파게티 면이 감기듯 바늘 주위에 감기면서 주변 조직을 더 단단하게 잡아당기고, 그 과정에서 국소적인 스트레칭이 이뤄진다.

하지만 더 흥미로운 것은 이 '콜라겐 스파게티'가 들어 있는 소스에서 일어나는 일이다. 근막은 다른 층의 막들이 서로 미끄러지게 해주는 끈적한 점액에 들어 있다. 이 점액은 섬유를 만들고 유지하는 섬유아세포라는 세포에서 분비된다. 랑주뱅의 연구팀은 콜라겐 섬유가 바늘을 감쌀 때 섬유아세포가 거기에 편승하는 과정에서 모양을 바꾼다는 것을 발견했다.

랑주뱅의 이야기에 따르면, 세포를 평평해질 때까지 수동적으로 늘렸을 때는 이런 변화가 일어나지 않는다. 이상하게 들리겠지만 세포는 자신에게 가해진 힘의 변화(예를 들어 우리가 움직일 때)에 대응해서 스스로의 힘으로 움직일 수 있다. 세포의 움직임은 세포골격이라 불리는 세포의 구조적 뼈대를 통해 일어난다. 세포골격은 세포의 모양과 구조를 부여하는 일종의 도로망이며 확장하거나 축소하면서 세포의 형태와 크기를 바꿀 수 있다.

랑주뱅은 침을 놓는 동안에 섬유아세포 속의 세포골격이 세포들이 더 평평해지고 몇 배 더 길어지도록 스스로를 잡아당기는 방식으로 다시 배열된다는 것을 발견했다.[2] 이 과정의 일부로, 세포는 신호 분자 ATP를 매트릭스로 방출한다. 학교에서 생물학을 배운 사람은 ATP를 세포 내에서 에너지 방출의 통화 역할을 하는 분자로 기억할 것이다. 하지만 세포 바깥에 있을 때의 ATP는 조직 내 염증 수치를 관리하는 등 다른 일을 한다.[3] 또 부수적으로 결합조직을 덜 뻣뻣하고 더 유연하게 만드는 일을 한다. 랑주뱅은 내게 "우리는 세포가 ATP를 방출하는 동시에 조직이 이완되는 것을 보았습니다"라고 말했다. 전체적으로, 근막을 구성하는 섬유를 잡아당겨서 면역 체계를 깨우는 한편, 조직을 좀 더 부드럽고 탄력 있게 만들고, 조직 자체의 성격을 변화시키는 작용이 일어나는 것 같다.

이 시점에서 이것이 침술이 특정 질환에 치료 작용을 한다는 증거가 아님을 지적해야겠다. 이것이 확실히 보여주는 사실은 바늘 주위 조직을 꼬는 것이 물리적으로 조직을 늘리며, 그로 인해 변화가 일어난다는 점뿐이다. 여기에서 랑주뱅은 궁금증이 생겼다. 침술이 대단히 국소적인 스트레칭이라면, 이 현상을 일으키기 위해서 굳이 조직에 바늘을 꽂을 필요가 있을까? 그냥 스트레칭을 하면 안 될까? 그는 쥐의 조직 일부를 스트레칭시키는 시도를 해보았다. 간단하게 말하자면, 가능했다. 다른 방식의 스트레칭도 세포 수준에서 정확히 같은 상황을 만들었다. 그는 침술을 접고 보다 광범위한(그리고 논란이 덜한) 문제로 옮겨갔다. 스트레칭은 결합조직에 어떤 영향을 주는가?

그렇다면 당연히 이런 질문들이 고개를 든다. 스트레칭이 근막 스파게티의 구조 혹은 소스의 향을 바꾼다면 어떨까? 세포 수준에서의 변화가 정신 상태와 연관이 있을까? 이에 답하려면 조직이 늘어났을 때 일어나는 화학적 변화와 그것이 몸과 뇌에 전달하는 이야기를 알아야 한다. 그리고 이 모든 것은 염증으로 귀결된다.

지난 20여 년 동안 염증이 궁극의 정신-신체 현상이라는 것이 명확해졌다. 염증은 병이나 부상에 대해 신체의 방어 역할을 하는 면역 반응의 일부다. 발목을 삐면 열이 나면서 부어오르는 이유이자 감기가 걸리면 코가 막히는 이유다. 정확한 반응은 감염이나 부상의 성격에 따라 달라지지만, 염증의 기본적인 임무는 주위에 백혈구를 넘치게 공급해 침입한 병원체를 집어삼키고, 조직의 손상을 복원하는 것이다. 이후 위협이 사라지면, 다른 면역 세포가 염증 반응을 끝내고 조직을 정상으로 되돌리는 다른 물질을 분비한다.

여기까지는 좋다. 그런데 염증은 실제 응급 상황에만 반응하는 것이 아니라 인지된 위협, 쉽게 말해 스트레스에도 반응한다. 진화적 관점에서 보면 그것이 스트레스의 존재 이유다. 뭔가 잘못되었다고 투쟁 준비를 하는 것이 좋겠다는 경보를 울리는 것이다. 면역 체계는 임박한 위협을 심각하게 받아들이고 활동을 강화해 전투로 인한 사상을 막기 위한 준비를 갖춘다.

스트레스 반응의 많은 측면이 그렇듯이, 조상들에게 유효했던 것이 지금은 도움이 되지 않는다. 실제로는 위협이 없는데도 우리 몸은 알지 못한다. 결국 반복되는 스트레스로 인해 우리는 만성적인 약한 염증 상태에 있게 된다. '경보 해제'가 발령되지 않거나 곧바로 또 다른 경보가 뒤따르기 때문이다.

우선 이것이 문제가 되는 이유는 건강에 안 좋기 때문이다. 만성 염증은 만성 통증이나 알츠하이머는 말할 것도 없고 심장 질환, 암 등 당신이 생각할 수 있는 모든 질병의 원인이다. 염증은 스트레스와 정신질환 사이의 연결고리로 점차 존재감을 드러내고 있다.[4] 모두가 감기나 독감과 싸울 때 염증이 유발하는 정신적인 증상을 경험해봤을 것이다. 무기력함, 고통, 혼자 이불 속에 있고만 싶은 기분은 '질병 행동sickness behavior'이라고 알려진 다양한 반응의 일부다. 질병 행동은 동물들이 부상이 낫거나 전염성이 사라질 때까지 혼자 있거나 휴식을 취하게 하기 위해 진화한 것 같다. 이때 느끼는 기분은 우울증과 구분하기가 상당히 어렵다.

스트레스가 며칠 만에 사라진다면 문제될 것이 없다. 문제는 현대의 생활에서는 그렇지 않을 때가 많다는 점이다. 환자나 아이를 돌봐야 하거나 고통스러운 직장 생활같이 반복적이고 장기적인 스트레스의 경우, 몸은 완전히 해결되지 않는 약한 염증 상태에 머무른다. 현대의 생활은 염증을 유발하는 특징들로 가득하다. 외로움과 사회적 배제는 앉아서 많은 시간을 보내는 라이프스타일과 마찬가지로 혈액 내의 염증 지표를 높이는 것으로 나타났다.[5] 비만은 문제를 더 악화시킨다. 염증성 사이토카인(염증 반응을 일으키고 지속시키는 신호전달물질)이 체지방에 저장되기 때문이다. 지방이 많을수록 염증 반응은 심하고 빠르며 오래 지속될 가능성이 높다. 이것으로도 부족해서, 염증은 나이가 들면서 늘어나 심장 질환에서 치매, 암까지 나이와 관련된 질병에 큰 영향을 끼친다. 또한 노화도 가속화한다.[6]

현대 생활의 주요한 특징이 스트레스, 비만, 노화라는 것을 생각하면 스트레칭처럼 간단하고 즐거운 움직임이 도움이 될 수 있다는 것은 정말 멋진 소식이다.

실제로 그것이 가능하다는 증거들이 있다. 일부 연구는 요가와 태극권을 규칙적으로 하는 사람들의 혈중 염증 지표가 낮다는 것을 발견했다. 하지만 운동, 호흡, 전반적인 이완의 효과 중에 스트레칭의 영향만을 뽑아내기란 쉽지 않다.[7] 랑주뱅의 연구팀은 동물 연구와 지원자 대상 연구를 통해 오로지 스트레칭이 염증에 어떤 영향을 주는지 면밀하게 관찰하며 이 문제를 해결해보려 노력하고 있다.

지금까지의 결과는 대단히 흥미롭다. 2017년에 발표한 연구에서 랑주뱅과 연구팀은 쥐의 등 근육에 카라기닌(해초에서 발견되는 탄수화물로, 가공식품에 흔히 쓰이는 첨가제다. 피부 밑에 주입했을 때 국소 염증을 유발한다)이라는 물질을 주입했다.[8] 주입 48시간 뒤에 절반의 쥐에게 작은 가로대를 쥐게 한 채 꼬리를 잡고 들어올려 견상 자세를 취하게 했다. 쥐들은 가로대를 당기면서 최선을 다해 스트레칭을 했다. 쥐들은 편안하고 행복해 보였다. 다른 절반의 쥐에게는 스트레칭을 할 기회가 주어지지 않았다.

스트레칭을 한 쥐는 스트레칭을 하지 않은 쥐보다 염증 부위가 눈에 띄게 줄어들고 면역 활동의 징후인 백혈구가 조직에 적은 것으로 나타났다. 더 중요한 것은 이 실험이 근막 스트레칭이 염증 반응을 멈추고 조직이 정상으로 되돌아오도록 하는 시작점이라는 것이다.

스트레스와 염증

중요한 발견이다. 염증이 문제가 되는 이유는 염증 반응이 계속 활성화되어 있어서가 아니기 때문이다. 문제는 비활성화가 되지 않는다는 데 있다. 염증이 세포의 정화 과정의 일부로 점차 줄어든다고 생각한 적도 있다. 하지만 이제 우리는 염증이 활성 과정이고, 따라서 불길을 잡으려면 몸이 반드시 화학 신호를 보내야 한다는 것을 알고 있다.

2000년대 초 하버드의과대학의 면역학자 찰스 세르한Charles Serhan 은 세 가지 분자군인 레졸빈resolvin, 마레신maresin, 프로텍틴protection을 찾아냈다. 셋 모두가 몸이 식단에서 얻은 오메가3 지방으로 만들어지며 염증을 비활성화한다.[9] 그는 헬레네 랑주뱅 연구팀과 함께, 스트레칭을 한 쥐들의 조직 내 레졸빈 농도가 스트레칭을 하지 않은 쥐들보다 높다는 것을 발견했다. 부상 부위의 스트레칭이 조직에게 "최악의 고비가 지나갔다"라고 말해주는 듯했다.

스트레칭이 전반적인 건강에 얼마나 효과가 클지는 지켜볼 일이다. 하버드대학교의 연구팀은 지원자를 대상으로 한 연구를 시작했다. 이 연구는 스트레칭이 염증 표지와 백혈구 수치에 어떤 영향을 미치는지 측정한다. 여기에서 신체 한 부분의 스트레칭이 시스템 전반이 도움이 될 수 있다는 흥미로운 가능성이 드러났다. 혈액에 들어간 레졸빈이 염증을 제거한다면, 규칙적인 스트레칭은 힘든 하루가 만성 질환을 낳는 스트레스 반응으로 변하는 것을 막는 리셋 버튼이 될 수 있다.

연구자들이 답을 찾으려는 의문 중 하나는 세포 변화가 일어나려면 스트레칭을 얼마나 해야 하는가의 문제다. 쥐 연구에서는 스트레칭을 10분씩 했다. 하지만 그렇게 오래 할 필요가 없을 가능성도 있다(부디!). 자신의 힘을 이용하는 자세를 취하는 적극적인 스트레칭이 스스로 혹은 다른 사람이 자연스러운 범위 이상으로 힘을 가하는 수동적 스트레칭보다 효과가 좋은지도 아직 알려지지 않았다. 동물 연구는 적극적 스트레칭이 염증 완화에 더 낫다는 것을 암시하지만 아직은 확인이 필요하다. 몇 년 안에 답이 드러나기 시작할 것이다.

요가의 효과

스트레칭의 효과를 더 살펴보자. 스트레칭은 근막의 액체를 물리적으로 정화해서 근막에 정기적인 대청소를 해줄 수 있다.

2018년 병리학자 닐 티이스Neil Theise가 이끄는 뉴욕대학교 연구팀은 작은 의료 탐침에 부착하는 새로운 유형의 현미경을 이용해 근막을 관찰할 수 있게 되었다. 관찰 결과, 결합조직은 촘촘한 콜라겐 섬유망처럼 보였다. 새로운 기술 덕분에 연구팀은 천연 상태에서의 결합조직이 액체를 흠뻑 빨아들인 스펀지에 가까운 모습이라는 것을 알게 되었다. 티이스의 연구는 스펀지를 꾹꾹 누르면 유체가 림 프계로 흘러 들어가고, 따라서 면역 시스템이 문제를 확인하게 된다는 것을 알려준다.

장, 폐, 근막, 지방층의 결합조직 샘플을 본 티이스와 연구팀은 몸 전체에 있는 이 스펀지 같은 구조가 느슨한 결합조직의 일반적인 특징이라는 결론을 내렸다. 이 구조에는 놀라울 정도로 많은 체액이 함유되어 있는 것 같았다. 개별 세포를 둘러싼 유체(액체와 기체) 매트릭스는 림프계로 흘러 들어가고, 림프계는 이를 정화해서 재사용한다는 것은 오래전부터 알려졌던 사실이다. 하지만 결합조직 역시 이 과정의 일부라는 것은 새로운 사실이었다. 이로써 다른 유형의 조직과 면역 체계 사이의 소통을 가능하게 하는, 몸 전체를 아우르는 유체 네트워크의 가능성이 열린다.[10]

티이스는 이것이 "전체 체액량의 약 20퍼센트, 즉 10리터 정도에 해당하는 체액"으로 이뤄져 있다고 추정한다.[11] 이만큼의 양이라면 결합조직은 림프의 주요 원천일 뿐 아니라 혈액, 세포 내 유체, 뇌와 척수 주변에서 완충재 역할을 하는 액체와 더불어 주요 체액 구획 중 하나다.

많은 매체가 근막을 등잔 밑에 숨어 있었던 "새로운 기관"이라고 보도했다. 근막은 그 자체가 스트레칭을 시키는 역할을 한다. 하지만 움직임이 왜 건강에 좋은가를 고려할 때 그 의미가 특히 크다.

질척한 액체 매트릭스를 가진 느슨한 근막이 움직임을 필수로

요하는 시스템에서 발견되는 것은 우연이 아닐지도 모르겠다. 예를 들어, 내장은 근육 수축의 파동을 통해 몸의 한쪽 끝에서 다른 쪽 끝으로 천천히 음식을 짜내는데, 아마도 이로 인해 주변의 결합조직도 쥐어짜게 될 것이다. 마찬가지로 폐, 방광, 심장은 밤낮없이 반복적으로 팽창하고 수축하면서 그 주변과 내부의 조직을 구부리고 수축시킨다.

특정 기관을 둘러싼 액체층은 알아서 움직이는 반면, 다른 장기, 근육, 체강 전체를 둘러싼 근막은 우리가 자발적으로 몸을 움직여야만 움직인다. "유체의 움직임은 몸의 움직임에 의해 근골격 근막 내에서 생기며 중요한 생리적 결과를 낳습니다." 티이스의 말이다. 장시간 앉아 있으면 몸의 체액이 자유롭게 흐르지 못한다. 이는 면역 위협에 대처하는 데 좋은 방법이 아니라는 의미다.

나는 요가 수업 중에 자주 들었던 말을 떠올렸다. 근육에서 독소를 짜내고 있다는 말이다. 나는 항상 그 말을 한 귀로 흘리곤 했는데, 솔직히 말해서 사람들이 듣고 싶은 말을 해주는 것처럼 들렸기 때문이다. 독소를 짜내려면 몸에 힘을 잔뜩 줘야 할 것만 같아서 믿고 싶지 않았을 수도 있다. 하지만 시스템에서 체액을 빼내서 몸을 자연스럽게 해독하는 데 움직임이 필요하다면, 근막을 스펀지처럼 짜낸다는 생각이 조금 덜 억지스럽게 들린다.

일반적인 스트레칭과 움직임이 근막을 통해 림프로 들어가는 유체의 양을 전반적으로 높인다는 사실을 보여줘야 확실해질 일이다.

아직은 모른다. 내가 아는 한 건강한 사람을 대상으로 진행된 이 주제의 연구는 없었다. 암 환자 대상의 몇몇 연구에서 스트레칭을 비롯한 운동이 림프계의 손상으로 팔다리에 유체가 축적되는 부작용을 감소시키는 것으로 나타났다.[12] 따라서 스트레칭이나 근육과 기관을 둘러싼 근막 압박은 몸의 문제가 악화되지 않도록 대처하는 데 도움을 준다.

이것은 요가에서 많이 언급되는 또 다른 이야기와 관련이 깊다. 어떤 이유에서인지 모르지만 자세가 장기를 정화한다는 것이다. 2019년 여름, 요가 전문가에게 이 모호하지만 흥미로운 이야기가 실제로 무슨 의미인지 물을 기회를 얻었다.

샤랏 조이스Sharath Jois는 아쉬탕가 요가의 파라마구루(계승자)다. 그는 2009년 작고한 조부 K. 파타비 조이스K. Pattabhi Jois에게 칭호를 물려받았다. 현재 40대 후반인 조이스는 강하고 날렵하지만 겸손하다. 길거리에서 그를 알아보는 사람은 많지 않겠지만 아쉬탕가 요가 세계에서 그는 대단히 중요한 존재다. 신, 왕족, 할리우드 스타의 중간 어디쯤에 있는 존재인 것이다. 많은 추종자들이 그의 사진이 있는 제단 앞에서 수련을 한다. 요가 강사인 친구에게 조이스가 런던을 방문했을 때 인터뷰하기로 했다고 말했더니, 친구는 그의 발에 입을 맞출 생각이냐고 물었다(물론 나는 그럴 생각이 없었다).

우리는 조이스가 런던에서 지내는 동안 숙소로 사용하는 작은 아파트에서 대화를 나눴다. 요가가 심신에 미치는 영향에 대해 이야기하는 동안 나는 그가 스트레칭이라는 단어를 한 번도 언급하지 않은 것에 놀랐다. 서양 사람들은 흔히 요가를 긴장된 근육을 스트레칭하면서 유연성을 키우고 건강해지는 방법으로 생각한다. 하지만 조이스는 요가의 목표로 유연성을 언급조차 하지 않았다. 자세를 취하는 목적이 몸을 스트레칭해서 구부정한 자세를 펴고 보다 인간적인 모습을 찾게 만드는 것이냐고 묻자 조이스는 웃음을 터뜨렸다.

"그렇지 않습니다." 조이스가 말했다. "사실 그런 효과가 있기는 합니다. 하지만 요가에서 하는 일은 내부 기관을 운동시켜서 그들이 원활한 기능을 할 수 있게 하는 것입니다. 기관이 제대로 기능하지 않으면 건강에 문제가 생기니까요."

그의 말은 과학자들이 하는 말과 아주 비슷하게 들린다. 만약 그렇다면 몸을 숙여 무릎에 코를 대는 것은 요가의 목적이 아니다. 몸을 늘리고 접는 것은 보다 중요한 목적을 위한 수단이다. 나는 장기를 마사지한다는 생각이 좀 이상하다고 생각했지만(마사지가 필요하다면 굳이 왜 조그만 상자에 몸을 밀어 넣는 지경까지 가야 할까?) 움직임은 장기를 둘러싼 근막 속에서 체액 움직임을 정상적으로 회복시켜 책상 앞에 구부정하게 앉아 있는 자세가 할 수 없는 일이 원활하게 돌아가도록 한다.

좋은 소식이 있다. 스트레칭의 효과를 보기 위해 다리로 목을 감아야 할 필요는 없다. 랑주뱅은 이렇게 말한다. "조심스럽게 접근해야 합니다. 우리가 동물의 조직에 가하는 부하는 그램 단위로 측정됩니다. 매우 적은 거죠. 저는 적은 것이 낫다고 말하곤 합니다. 항상 한 번에 세포 하나씩이라고 생각합니다. 아주 부드러운 스트레칭이면 족합니다. 조직을 존중해주세요. 조직을 있는 힘껏 당기지는 마세요. 천천히 부드럽게, 그것이 열쇠입니다."

조이스가 적절한 비유로 설명해줬듯이, 유연성을 극단적으로 시험하는 것은 분별 있는 행동이 아니다. "두개골은 단단합니다. 하지만 그것이 바위에 머리를 박아야 한다는 의미는 아니죠. 그런 정도의 분별은 있으시겠죠."

불안의 이유

과도한 스트레칭은 심신에 문제를 불러올 수 있다. 인구의 20퍼센트는 과신전이라는 문제를 갖고 있다. 관절이 보통의 운동 범위를 넘어 확장된다는 의미다. 이는 신체 결합조직 내 신축성이 지나칠 때 유발된다. 관절을 극단까지 늘릴 수 있으므로 발레 무용수나 체조선수에게는 유용하겠지만, 지나친 유연성 역시 만성 통증, 관절 탈구, 과민성대장증후군과 같은 소화기의 문제로 이어질 수 있다. 더 놀라운 것은 이것 역시 정신적 증상에 연관되는 듯하다는 점이다.

잘 휘는 관절이 사람들이 감정을 느끼는 방식에 영향을 준다는

관찰은 류머티즘을 연구한 학자 자우메 로테스-케롤Jaume Rotés-Querol
이 과신전 관절을 가진 사람들이 비정상적으로 높은 수준의 '신경
긴장'을 보인다고 기록했던 1957년으로 거슬러 올라간다. 대부분이
이 기록을 무시했으나, 1988년 바르셀로나 델마르병원 연구진 역
시 과신전 환자들이 쉽게 불안감을 느낀다는 점을 발견하면서 분위
기는 역전됐다. 그들은 과신전과 불안감 사이의 연관성을 더 자세히
연구하기로 결정했다. 이후, 둘 사이에는 실제로 강한 연관성이 있
다는 주장이 인정을 얻었다. 한 연구는 건강한 지원자의 불안장애
비율은 22퍼센트인데 반해, 과신전 환자의 경우 70퍼센트가 불안
장애를 가지고 있다는 것을 발견했다. 또 다른 연구는 과신전 관절
을 가진 사람들에게서 불안과 공황장애가 16배나 더 많다고 추정했
다.[13] 또한 ADHD와 자폐증을 비롯한 섭식장애, 만성 통증, 피로, 신
경발달장애와 과신전 사이의 연관성도 드러나고 있다.

　이런 문제들은 멈춰야 할 때 계속 구부러지는 관절이 내부수용
감각, 즉 몸의 내부 상태를 감지하는 능력에 혼선을 줘서 신체 내부
의 메시지가 어디에서 나오는지 특정하기 어렵게 만들기 때문에 발
생하는 것일 수도 있다. 서식스대학교의 정신의학 교수 휴고 크리츨
리Hugo Critchley의 연구들은 이에 관한 증거를 제공한다. 과신전 관절을
가진 사람들은 심장박동, 기타 스트레스와 연관된 변화 등 몸 안에
서 비롯되는 내부수용감각 신호에 유난히 민감한 것으로 밝혀졌다.
그리 심각한 문제가 아닐 수도 있지만 몸 안의 어디에서 이런 신호

가 오는지가 정확치 않고, 그것이 어떤 의미인지 해석하기 힘들다는 사실을 생각하면 그렇지만도 않다.

과신전 관절을 가진 사람들의 경우, 몸의 신호가 모호하다는 점을 고려하면 심장이 빨리 뛰는 것을 불안으로 해석하기가 쉽다. 명확한 외부적 요인이 없을 때라면 더 혼란스러울 수밖에 없다. 몸 내부의 신호에 민감한 사람일수록 과신전과 불안 사이의 연관성이 높다는 것을 발견한 또 다른 연구가 이 점을 뒷받침한다.[14]

크리츨리는 지나치게 느슨한 콜라겐의 또 다른 문제는 과도한 투쟁-도주 반응으로 직결될 수 있다는 것이라고 지적했다. 결합조직이 어느 곳에나 있고, 그 기본 구조가 몸 안 어디에 있든 대단히 비슷하다는 사실을 다시 떠올려보자. 이는 신축성이 있는 관절 콜라겐이 혈관 내벽을 비롯한 다른 곳의 신축성 콜라겐과 동일하다는 의미다. 정상적인 상황에서는 앉아 있거나 누워 있다가 일어설 때, 정맥이 자동으로 수축해서 다리에 피를 채우고 혈압을 일시적으로 하락시키는 일을 멈춘다. 하지만 혈관 콜라겐의 신축성이 지나치면, 반사작용이 효과적으로 작동하지 않아 일어설 때마다 혈압이 떨어지고, 심장은 이를 보상하기 위해 펌프 운동을 더 열심히 해야 한다.

내부 신호에 대한 과민성과 자율신경계 기능에 대한 통제력 부족의 문제를 더하면, 과신전인 사람이 무서운 일이 전혀 없을 때도 불안을 크게 느낄 가능성이 높은 이유를 설명할 수 있다. 인구의 5분의 1이 과신전 관절을 가지고 있다는 점을 고려하면, 이 점이 불안

증세를 겪으면서도 그 이유를 알지 못하는 수많은 사람들에게 매우 중요한 정보가 될 수 있다.

한편 과신전에서 ADHD와 자폐증으로의 연결은 그 정도로 명확하지가 않다. 하지만 서식스대학교 연구팀은 몇 가지 가설을 가지고 있다. 여러 연구가 과신전 관절을 가진 사람들의 경우, 외부 감각 신호와 통증에 보다 민감한 경향이 있다는 것을 보여주었다. 그렇다면 과신전은 외부 세계에서 물러나려 할 뿐 아니라, 자신의 압도적인 느낌에서 멀어지려 하는 방식으로 과민한 내부 신호에 합쳐질 가능성이 있을 것이다. 서식스대학교 연구팀의 구성원인 제시카 에클스Jessica Eccles는 이 주장이 지금으로서는 추측에 불과하지만, 섬유근육통과 같은 과신전 연관 장애에서는 사실일 가능성을 보여주는 초기 징후가 있었다고 말한다.[15] 자폐증과 ADHD에서도 동일하다고 말할 수 있을지는 아직 지켜봐야 할 것이다.

에클스 역시 과신전 관절을 가지고 있기 때문에 같은 증상을 가진 사람들이 자신들에게 결함이 있다고 여겨지는 것을 달가워하지 않는다는 점을 누구보다 잘 알고 있다. 그럼에도 에클스는 연결고리를 파악하는 일에 가치가 있다고 말한다. 적어도 심인성 장애라고 치부되는 병을 가지고 있어서 마치 자신들이 꾀병을 부리는 것처럼 느끼는 사람들에게 위안을 줄 수 있기 때문이다.

새로운 치료법도 찾을 수 있다. 콜라겐 자체의 물리적 구성에 관해 할 수 있는 일은 많지 않다. 만약 신축성이 큰 콜라겐을 가지고 있다면 그것 자체를 바꿀 수는 없다. 하지만 이 신체적 특성이 특정한 경로를 통해 정신 건강에 영향을 미친다는 것을 안다면 몸을 통해 정신을 변화시킬 수 있는 가능성의 문도 열 수 있다.

관절 주위의 근육을 강화하는 것도 하나의 방법이다. 관절의 지나친 신전을 막고 통증을 줄일 뿐 아니라 신체 움직임의 정도에 따라 끊임없이 만들어지고 갱신되는 자아의 감각 주변에 단단한 경계를 두는 것이다. 근육, 특히 하체 근육을 강화하는 것은 피를 다시 위로 짜올려 심장이 달음질하고 불안감이 느껴지는 증상을 완화함으로써, 서 있는 동안의 심박수를 제어하는 데 도움을 줄 수 있다.

또 다른 방법은 내적 감각을 이해하는 능력을 향상시키는 것이다. 내부수용감각은 훈련을 통해 향상될 수 있다. 때문에 에클스는 사람들이 자신의 신체 감각을 정확히 파악하고 이해하도록 도움으로써, 과신전을 가진 사람들의 불안감을 통제할 수 있는지 알아보는 연구를 진행하고 있다.

ADHD와 자폐증의 경우, 보통 이 둘에 수반되는 불안과 감각처리 문제가 발생할 가능성을 줄일 수 있다. 이미 작업치료에 적용되고 있는 접근법이 있다. 아이들에게 신체 부위를 가리키며 지금 어떻게 느끼는지 말하는 게임을 하는 것이다. 이때 교사가 아이들이 감정에 이름을 붙일 수 있도록 돕는다.[16] 아이들이 자신의 신체 신호를 보다 효과적으로 해독하고, 감정을 조절하는 법을 익혀 감정들이 자리 잡기 전에 고통의 가능성을 일부라도 줄이자는 생각에서 나온 방법이다. 에클스의 초기 연구 중 하나는 과신전인 사람들의 편도체 (감정 처리에 관여하는 뇌 부위로, 공포에 큰 영향을 미친다고 알려져 있다)가 평균보다 더 크고, 공간 내 신체 표현과 연관된 뇌 영역이 작다는 것을 보여주었다. 신경발달장애와 과신전을 가진 아이들에게 자신의 움직이는 몸을 이해하는 법을 가르치면 어린 나이부터 증상이 몸과 뇌에 자리 잡는 것을 막을 수 있을 것이다.

유연성의 함정

과도한 유연성에 따르는 문제를 생각하면 유연성을 기르기 위한 스트레칭이 몸과 정신 건강에 그다지 좋지 않다고 생각할 수 있다. 관절, 근육, 결합조직은 서로 다 다르기 때문에 스트레칭을 어느 정도 해야 되는지 또는 건강한 운동 범위로 관절을 활발히 움직이는 사람에게도 스트레칭이 필요한지에 관해 한 마디로 답할 수는 없다.

스트레칭과 면역 기능 사이의 관계가 부각되는 게 이상하게 들릴 수도 있다. 하지만 랑주뱅이 권하는 종류의 스트레칭이 손이 발 끝에 닿을 때까지 심하게 힘을 가하는 스트레칭이 아니라는 것을 기억해야 한다. 랑주뱅 자신도 유연성을 더 높이기 위해서가 아니라 몸을 스트레칭 할 때의 즐거움을 위해 운동한다. "저는 근사하게 요가 동작을 하지는 못해요. 스트레칭을 해야겠다고 느끼는 부분을 스트레칭 할 뿐이죠. 저는 거기에 만족합니다." 랑주뱅이 말한다.

결국 우리가 확실히 아는 것은 한동안 움직이지 않고 있다가 스트레칭을 하면 기분이 좋아진다는 점 하나다. 의자에서 일어나 기지개를 시원하게 켜면 기분이 좋아지고, 뇌에 당신에게도 팔다리가 있다는 것을 상기시키고, 체액을 조금 움직이게 함으로써 그들이 마땅히 해야 하는 방식으로 기능하는 데 도움을 준다. 우리가 이야기하는 것은 어디까지나 정상적인 동작 범위에서의 움직임과 부드러운 스트레칭이다. 다리를 찢는 스트레칭은 대단해 보이기는 하지만, 고관절을 중심에서 약 30도 이상 뒤로 빼는 것은 인간의 정상적인 움직임에서 넘어서는 것이다.

10년에 걸쳐 요가에 애정을 키워오면서 어렵게 유연성을 얻은 사람으로서 이런 이야기를 쓰는 것은 힘든 일이다. 받아들이는 것은 더욱 힘들다. 아쉬탕가 요가 창시자이자 구루인 K. 파타비 조이스는 종종 "뻣뻣한 것은 몸이 아니라 마음이다"라는 말을 했다고 전해진다. 요가 강사들이 말도 안 되는 자세를 취하도록 수강생을 잡아당기면서 하는 말이기도 하다. 그런데 이 말을 뒷받침하는 증거들이 있다. 스트레칭은 유연성을 높이지만, 이는 근육을 물리적으로 늘리기 때문만은 아니다. 그보다는 관절을 기존의 범위 이상으로 움직여도 안전하다고 신경계를 재교육시키기 때문이다. 한계에 가까워지면 몸은 부상을 막기 위해 브레이크를 밟는다. 부드럽게 이 범위를 넘긴다면 조금 더 이완해도 괜찮다고 신경계를 설득할 수 있다. 스트레칭의 '한계'는 근육이 생각하는 곳에 있는 지점이 아니라 신경계가 금을 그은 곳에 있다.

그렇더라도 관절을 설득해 안전지대에서 크게 벗어나게 하는 것보다는 한계 내에 있도록 해야 한다는 주장이 있다. 나는 샤랏 조이스를 만났을 때 조부의 말을 지나치게 문자 그대로 받아들이는 것은 위험할 수 있다고 말했다. 그도 내 말에 동의하면서 이렇게 말했다. "몸은 유연하지만 마음이 그렇게 하지 말라고 말하는 경우가 있습니다. 때문에 자신을 조금 몰아붙여야 할 때가 있는 거죠." 그리고 이렇게 덧붙였다. "하지만 자신의 한계를 알아야만 합니다."

스트레칭

○ **기지개를 켜라:** 한동안 앉아 있었다면 일어서서 팔과 다리를 뻗어라. 이 자세는 뇌에 당신에게 팔다리가 있다는 것을 상기시킬 뿐 아니라 단단한 근육을 이완시킨다. 적어도 한 시간에 한 번씩 이 자세를 취하라.

○ **움직이고, 뻗고, 돌려라:** 근육과 장기 주변의 근막을 압박해 면역 시스템의 유체가 계속 움직이게 하라. 부드럽게 실시하고 정상적인 동작 범위를 벗어나는 것을 목표로 삼지 않도록 하라. 충분히 스트레칭이 되었다는 느낌이 들 때까지 움직여라.

○ **유연성을 키우기 전에, 근력을 키워라:** 부드러운 스트레칭과 근력 운동을 결합하라. 과신전일 때는 특히 근력 운동이 특히 더 필요하다. 근력과 유연성이 함께하면 불안에 대처하는 강력한 무기가 된다.

7

오직 인간만이 호흡을 제어한다

영화 〈혹성탈출〉에는 침팬지 시저가 처음으로 말하는 장면이 있다. 시저는 자신을 학대하는 사육사에게 "노^{NO}"라고 소리치고 그를 때려눕힌다. 으스스한 장면이다. 동물이 언어를 이용해서 인간 종에 대한 감정을 명확하게 정의하기 때문만은 아니다. 더 불안한 것은 시저가 심호흡을 하면서 자신을 진정시키는 방식이다.

이 모습이 그렇게 충격적으로 다가오는 데에는 그만한 이유가 있다. 호흡을 통제하는 행동은 인간만의 기술일 뿐 아니라, 정신적·감정적 자기 조절 능력이라는 인간 특유의 힘과 밀접하게 연결된 기술이기 때문이다. 힘과 민첩성이 뛰어난 다른 동물에게 자기 조절 능력이 생긴다면 인간보다 훨씬 우월한 존재가 되지 않을까.

다행히 현실에서는 우리와 가까운 그 어떤 종도 인간이 하는 정도로 호흡을 제어하지는 못한다.[1] 하지만 인간이 이 능력을 충분히 이용하지 못하고 있다는 주장도 가능하다. 동양 전통의 추종자들은 느린 호흡이 집중력을 높이고, 평정심을 되찾아주며, 우리를 변성의 식상태로 데려가기까지 한다고 수백 년간 이야기해왔다. 하지만 너무나 바쁜 우리 대부분은 이 간단한 신체 움직임조차 시도할 시간을 내지 못한다.

분명 우리는 밤이나 낮이나 자동적으로 숨을 쉰다. 대부분의 시간 동안에는 호흡에 관해 깊이 생각하지 않는다. 과학자들도 마찬가지였다. 우리는 호흡하는 다른 생물들과 마찬가지로 뇌의 가장 오래된 부위인 뇌간이 호흡의 속도를 정해, 폐를 통해 혈액에 산소가 계속 흘러 들어가고 이산화탄소가 배출되도록 한다는 것을 오래전부터 알고 있었다. 뇌간은 이런 일을 밤낮없이, 삶의 첫 순간부터 마지막까지 계속한다. 들이쉬고 내쉬고 들이쉬고 내쉬고.

이 일을 담당하는 정확한 신경세포 집단을 발견한 것은 1970년대에 박사 후 과정을 밟고 있던 잭 펠드먼Jack Feldman이었다. 그는 학회장의 테이블에 놓여 있던 독일 와인의 이름을 따서 여기에 '뵈트징어복합체Bötzinger Complex'라는 이름을 붙였다. 펠드먼은 자신이 충동적으로 이름을 붙인 이 부위의 세계적 권위자가 되었다. 펠드먼은 이 부위가 인접 부위인 전^前뵈트징어복합체와 함께 호흡의 속도와 리듬을 정하고, 혈중 산소가 부족할 때 호흡을 증가시키는 데 필수적이라는 것을 알렸다.

약 5분마다 한숨을 쉬게 하는 일을 맡고 있는 더 작은 신경세포 집단도 있다. UCLA의 펠드먼의 연구소에서 이뤄진 최근의 연구는 한숨이란 폐에 있는 공기 주머니가 바람 빠진 풍선처럼 주저앉아서 달라붙는 것을 막기 위한 생리적 반사 반응이라고 말한다.[2] 개, 고양이, 쥐 등 다른 종들도 모두 한숨을 쉰다. 속도는 약간 다르지만 이유는 동일하다. 때문에 강아지가 한숨을 쉰다면 우리가 보기에는 다람쥐를 쫓고 싶은데 현관문을 열지 못해서 한탄하는 듯 보일 수 있다. 실은 폐가 한동안 얕은 숨을 쉬다가 자동적으로 몸을 부풀리는 것일 확률이 높다.

한편 인간은 분노, 슬픔, 안도와 같은 감정을 표현하기 위해 한숨을 쉰다. 심리학 연구들은 정서적 한숨은 커뮤니케이션의 한 형태이기도 하지만 호흡 시스템의 리셋 버튼 역할을 하기도 한다고 말한다. 한숨은 스트레스와 관련된 얕거나 불규칙적인 일련의 호흡 후에 우리를 정상으로 되돌린다.[3] 한숨을 제어하겠다는 의식적인 결정은 정신을 위해 의도적으로 호흡을 통제하는 가장 쉬운 방법이다. 전략적으로 시간을 정한 깊은 한숨은 정신의 마침표 역할을 한다. 이는 스트레스를 뒤로 하고 다른 것에 집중하는 일을 더 쉽게 만들 수 있다.

그렇지만 한숨을 장악하는 능력은 초급에 불과하다. 호흡의 진정한 힘은 우리가 호흡의 속도와 깊이를 통제함으로써 어떤 효과를 얻을 것인가 선택할 수 있다는 데 있다. 침팬지 시저처럼 우리는 마음을 가라앉히고 집중력을 되찾아 다음에 할 일을 생각하기 위해서 숨을 쉴 수 있다. 호흡을 제어하면 잠시 현실을 탈출해 양질의 휴식을 취할 수도 있다. 정신적·감정적 거리를 두고 수도승처럼 전뵈트 징어복합체의 작업에 경탄할 수도 있다. 매우 간단한 방법으로 우리는 생각하고 느끼는 방식에 큰 차이를 만들 수 있는 것이다.

나 자신이 잠시도 가만히 있지 못하는 사람이기 때문에, 앉아서 호흡에 집중하는 일을 누구나 편안하게 받아들이지는 못한다는 것을 너무나 잘 알고 있다. 어떤 사람들은 호흡 제어라는 말에서 명상을 떠올리고는 부담을 느낄 수 있다. 방석 위에 가만히 앉아 있는 것보다는 덜 지루하게 시간을 보내고 싶은 사람도 있을 것이다. 그러나 이제는 몸에 공기를 공급하는 속도, 깊이, 경로를 제어하는 데 필요한 이 간단한 움직임이 사고와 감정을 유용한 방식으로 조종하는 편리한 도구임을 알아야 할 것이다. 호흡의 기술을 연습함으로써 우리는 움직이고 있든 책상 앞에 붙잡혀 있든 두뇌와 신체의 활동에 집중하고, 두뇌와 신체의 설정을 바꾸며 정신을 최대한 활용할 수 있다.

인간이 운 좋게도 호흡 방법에 영향을 미치는 근육을 의도적으로 통제하는 기술을 얻게 된 이유가 무엇인지는 아무도 확실히 알지 못한다. 하지만 〈혹성탈출〉에서 침팬지 시저가 그랬듯이 우리가 말을 할 수 있게 된 것과 같은 시점에 이 기술이 나타난 것은 우연이 아닐 것이다. 으르렁거리거나 끙끙대거나 새된 소리를 지르는 것과 달리, 말을 하기 위해서는 길게 내쉬는 호흡을 통제하고, 그사이 몇 번의 정확한 시점에 숨을 들이마시고, 후두, 입술, 혀를 솜씨 좋게 제어하는 작업을 간간이 끼워 넣어야 한다. 160만 년 전~10만 년 전 사이 살았던 여러 종의 고대 인류 골격을 비교한 연구들은 현대의 인간들과 네안데르탈인들의 경우, 이전의 종들보다 척추에 호흡 근육과 근막 근육으로 가는 신경을 위한 공간이 눈에 띄게 발달됐다는 것을 보여주었다. 이로써 우리는 호흡과 호흡이 만드는 소음을 조정할 수 있는 하드웨어를 갖게 됐다. 고대 인류가 초원에서 서로에게 으르렁거리는 것이 다였다면, 이후로는 광범위한 소음의 레퍼토리가 새롭고 유용한 커뮤니케이션 방법으로 발전했다.[4]

결국 우리는 강력한 도구를 갖게 되었다. 호흡의 효과는 날씬하거나 유연하지 않아도, 강하지 않아도, 심지어는 특별히 움직이지 않아도 누릴 수 있다. 또 놀라울 정도로 쉽다.

호흡의 리듬

내가 쓰는 노트북은 10대 초반인 내 아들보다 나이가 많다. 어제 나는 이 충실한 기계에 커피 한 잔을 다 쏟았고, 기계는 살아 있다는 어떤 낌새도 보여주지 않았다. 세상이 끝난 것은 아니었지만 내가 쓰고 몇 차례나 여기저기 수정한 몇 천 글자가 다 날아갔다. 몇 주 남지 않은 마감일까지 나는 2만 글자를 더 써야 한다. 스트레스가 폭발할 것만 같았다.

나는 생각을 달리해 긍정적인 면을 찾아보기로 결정했다. 지금 상황은 호흡을 제어할 줄 아는 인간의 능력을 써먹을 완벽한 기회가 아닌가? 이렇게 머릿속이 엉망진창인 상태일 때도 나는 호흡으로 집중력을 되찾아 차분해질 수 있다!

나는 유튜브에서 7분짜리 집중력 명상 영상을 찾은 뒤 의자에 똑바로 앉아서 영상에서 말하는 그대로 따라 했다. 지루함을 참아내며 몇 분간 느리고 깊은 호흡에 집중하자, 어지러운 머리가 서서히 정리되기 시작했다. 소리를 지르거나, 울거나, 쓰러져 죽어버리고 싶은 생각이 서서히 사라졌다.

효과가 있었다. 진즉에 알고 있었다. 여러 세대에 걸친 수도자들의 경험은 물론 이를 입증하는 과학 논문이 계속 쌓여가고 있으니 말이다.

호흡을 통제할 때 당신은 뇌파의 출렁임을 호흡 속도에 맞추고 있다. 뇌파는 뉴런이 뇌 전역으로 메시지를 보낼 때 뉴런 집단을 가로지르는 전기적 활동의 리듬감 있는 맥박이다. 충분한 뉴런이 동시에 발화하면, 맥박은 전극을 통해 측정할 수 있고, 활동의 고저를 보여주는 그래프로 전환시킬 수 있을 정도로 강해진다. 약 100년 전 이 기술이 발명된 이래, 과학자들은 뇌파의 주파수 범위가 다양하며, 어느 시점에 우세하게 나타나는 특정 주파수가 그 순간 일어나고 있는 처리 과정을 알려주는 단서라는 것을 알게 되었다(193쪽 표 참조).

광범위한 뇌 전역의 뇌파 동기화로 각각 다른 처리 유형을 맡은 영역들이 같은 리듬에 고동치게 된다. 그러면 우리가 보고 듣고 냄

뇌파	주파수	사고의 유형
감마	35Hz	불안, 흥분
베타	12~35Hz	긴장 상태에서 집중
알파	8~12Hz	휴식, 이완
세타	4~8Hz	졸거나 얕은 수면
델타	0.5~4Hz	숙면

뇌파의 종류

새 맡는 것과 같은 다양한 종류의 정보가 동일한 경험의 일부로 한데 묶이게 된다. 이로써 뇌는 2와 2를 받아들여 5를 만든다. 다양한 종류의 정보를 받아들인 다음 종합해서 그 모든 것이 무엇을 의미하는지 파악하는 것이다.

이런 처리 과정과 호흡 사이의 연결은 코 위의 감각 뉴런을 통해 이루어진다. 이 뉴런은 공기 중에서 들어오는 냄새에 관한 정보를 후각신경구로 전달하는 한편, 지나는 공기의 물리적 움직임을 감지한다. 이 용도로 인해, 콧속을 오가는 호흡의 규칙적인 움직임은 냄새 정보를 뇌에 보내는 시점을 정하는 메트로놈 역할을 한다. 이 정보가 환경의 안전성과 보상에 대해 수많은 이야기를 한다는 점을 고려하면, 어느 두드러진 정보(어쩌면 기억에서 비롯된)와 같은 주파수대를 타는 것이 당연하다.

동물 연구는 정확히 다음과 같은 일이 일어난다고 말하고 있다. 호흡과 뇌파 사이의 동기화는 우선 냄새가 감지되는 후각신경구에서 일어나지만, 이후 냄새의 의미를 다루는 뇌 영역으로 퍼진다. 쥐를 대상으로 한 연구는 호흡의 리듬이 기억을 다루는 뇌 영역(이 영역으로 퍼지면서 동물은 과거에 접했던 냄새를 기억할 수 있다)과 반응을 결정하도록 돕는 정서적 중추로 전달된다는 것을 보여주었다.

2016년부터 시카고 노스웨스턴대학교의 신경생리학자 크리스티나 젤라노Christina Zelano가 주도한 연구는 인간에게서도 같은 현상이 일어난다는 것을 밝혀냈다. 이 연구는 인간의 뇌 안에서는 동기화 효과가 더 넓게 퍼지며 이에 따라 전전두피질의 사고, 기획, 의사결정 영역까지 영향받는다는 것을 알아내기도 했다.[5]

코로 호흡해야 하는 이유

호흡과 뇌파에 관한 연구는 호흡의 동기화 효과가 가장 강해질 때는 숨을 들이마실 때라고 이야기한다. 호흡할 때 우리는 말 그대로 환경과 환경에 담긴 미묘한 단서들에서 영감을 얻는다. 영감이라는 말이 어색하게 들리겠지만 사실이다. 요가나 무술을 하는 사람들이 곧잘 하는 말들을 떠올려보자. 무술에서 '기氣'는 호흡은 물론 집중력과 힘을 의미한다. 요가의 호흡 수련법인 프라나야마에서는 "프라나를 받아들이라"라고 말하는데, 여기서 프라나는 대개 호흡, 에너지라는 뜻으로 쓰인다. 아쉬탕가 요가의 구루인 샤랏 조이스는 서양인인 나에게 프라나의 효과를 설명하기 위해 최선을 다했다. "호흡할 때 우리는 외부에서 자연의 긍정적인 에너지를 받아들이고 있습니다."

나는 같은 것도 보다 과학적인 방식으로 이야기하는 것을 선호한다. 들숨은 세상에 대한 정보 그리고 뇌파를 같은 리듬으로 뛰게할 기회를 가져와 우리가 느끼는 방식을 바꾼다. 이 때문에 호흡과 두뇌의 동기화가 정신 상태를 바꾸는 유용한 도구가 되는 것이다. 사람들의 호흡 속도를 의식적으로 조정한 한 연구에서는 특정 주파수를 뇌 전체에 퍼지게 함으로써 우리를 보다 기민하고 집중한 상태로 만들거나 보다 이완되고 나른한 상태로 만들 수 있다는 것을 보여주었다.

여기에서 또 한 가지 기억해둘 것이 있다. 요가 수행자들이 수세기 동안 이야기하고 있는 것이기도 하다. 호흡으로 마인드컨트롤을 할 때는 코를 통해 호흡할 때만 효과가 있다. 추정에 따르면 인구의 반 이상이 습관적으로 입으로 호흡을 한다. 입으로 호흡하는 습관은 입 냄새와 충치를 유발할 뿐 아니라 코와 뇌 사이의 직통 라인을 우회하는 일이다.

젤라노와 연구팀은 호흡이 뇌의 활동, 특히 기억과 정서 처리에서 지휘자 역할을 한다는 것을 확인했다. 뇌파와 호흡의 동기화가 밀접하게 이루어질수록 사람들은 기억에서 들어온 정보를 잘 저장하고 잘 찾아낼 수 있으며, 위험 신호에 빠르게 반응할 수 있다. 여러 실험들을 통해 젤라노는 실험 참가자가 숨을 들이마시는 동안 공포스러운 얼굴의 이미지를 보았을 때 훨씬 더 빨리 반응한다는 것을 발견했다.

더 중요한 열쇠는 코 호흡이다. 젤라노의 실험에서 참가자들이 입으로 호흡하며 같은 과제를 수행하자, 호흡과 뇌파의 동기화는 훨씬 감소했고 공포스러운 얼굴에 대한 반응 속도는 눈에 띄게 떨어졌다.

입으로 호흡하든 코로 호흡하든 공포스러운 얼굴을 알아채는 정확도는 동일하지만 흥미롭게도 코 호흡은 본 것에 관한 반응으로 몸을 움직이는 속도를 현저히 향상시켰다. 실험에서는 손가락으로 버튼을 누르는 단순한 동작으로 반응을 측정했고, 차이는 1,000분의 1초 단위로 측정되었다. 이 작은 차이가 현실에서는 빠르게 달려오는 트럭에서 비키느냐 치이느냐와 같은 차이를 만들 수 있다.

이는 응급 상황에서 호흡이 빨라지는 이유가 가능한 한 많은 정보를 받아들이기 위해서라는 것을 알려준다. 그뿐만 아니라 스트레스를 받을 때 의식적으로 천천히 깊게 호흡하면 좀 더 나은 의사결정을 하는 데 도움이 될 것이라는 뜻이다. 또한 무언가를 기억해내기 위해 머리를 쥐어짜는 동안 깊은 호흡을 하면 깊은 곳에서 유용한 정보를 건져 올리는 데 도움이 된다는 뜻이기도 하다.

복잡한 정신에서 벗어나기

요가 강사에게 이런 이야기를 들어본 적이 있을 것이다. 호흡이 지금 이 순간 바로 여기에 집중하도록 해서 방황하는 정신을 몸으로 되돌아오게 한다는 것이다.

"요가에서는 그것을 치타브르티라고 부릅니다." 샤랏 조이스가 말했다. "우리는 요가를 통해서 정신을 통제하는 힘을 얻을 수 있습니다."

젤라노가 2018년에 진행한 연구는 느리고 의도적인 호흡이 집중력을 향상하는 한편 신체적 자각도 높인다는 것을 보여준다. 노스쇼어대학병원에서는 신경학자 호세 에레로Jose Herrero가 신경외과의 아셰시 메타Ashesh Mehta와 팀을 이뤄 실험을 진행했다. 여덟 명의 환자들은 호흡의 수를 헤아리며 호흡을 의식하되, 호흡의 속도와 리듬을 일정하게 유지하며 자연스럽게 호흡하라는 지시를 받았다.

환자의 31개의 뇌 영역에 800개의 전극이 삽입됐다. 연구팀은 동기화된 뇌 활동을 추적하고, 호흡의 종류에 따라 뇌 활동이 어떻게 변하는지 지켜보았다.

연구팀은 실험 참가자가 호흡의 속도와 리듬에 변화를 주지 않은 경우 내부수용감각에 관련된 영역들의 뇌파가 호흡 속도에 강하게 고정된다는 것을 발견했다. 상당히 중요한 발견이었다. 신체가 느끼는 방식에 귀를 기울이는 행동이 정서를 이해하고 관리하는 강력한 도구임을 알려주기 때문이다. 참가자들은 2분간 호흡의 수를 세기만 했을 뿐이다. 아주 잠깐만 시간을 내어도 할 수 있는 일이다. 방석에 앉을 필요도 없고 눈을 감을 필요도 없으며 지금 무엇을 하고 있는지 밖으로 티가 나지도 않는다. 호흡에 주의를 기울이면 복잡한 정신에서 벗어나 몸의 나머지 부분과 차분하게 연결된다. 몸으로 향하는 지름길을 장기간 규칙적으로 이용한다면, 정신 건강을 개선하는 데 도움을 줄 수 있다. 호흡에 변화를 주지 않고 그저 관찰하는 것은 마음챙김 명상의 핵심이다. 이는 많은 연구가 호흡의 관찰이 내부수용감각 능력과 정신 건강을 개선할 수 있다고 말하는 이유를 설명해준다.

한편 적극적인 호흡 제어가 주는 효과도 있다. 연구진이 숨 쉬는 속도를 의도적으로 변화시키라고 주문하자 지속적인 주의와 집중에 관련된 것으로 알려진 회로에서 동기화 활동이 나타났다. 또 다른 연구들은 호흡에 집중하면 멍한 상태인 세타파를 감소시키고, 이완과 각성 상태인 알파파를 높인다고 말하고 있다.[6]

정신의 변화

호흡 속도의 의도적인 변화는 우리가 느끼는 감정에도 큰 영향을 줄 수 있다. 전뇌트징어복합체는 호흡의 속도를 분당 12~20회 사이로 유지한다. 공황 발작에 수반되는 과호흡 상태에서는 분당 30회로 치솟는다.

깊고 느린 호흡은 공황 발작을 억제하고, 산소와 이산화탄소의 균형을 되찾아 몸을 투쟁-도주 상태에서 정상으로 돌아오도록 하는 확실한 방법이다. 이미 평소의 속도로 숨을 쉬고 있다면, 호흡을 더 늦춰보라. 현실에서 벗어나 행복한 환상의 세계를 누빌 수 있을 것이다.

승려들은 분당 3~4회의 속도로 호흡하는 기술을 익힌다. 숨을 한 번 들이쉬고 뱉는 데 20초가 걸리는 것이다. 이 정도로 느린 호흡은 우연히는 절대 일어나지 않으며 의식적으로 이루어진다. 쉽지는 않지만 가능하다. 최근의 연구에 따르면 시도해볼 가치가 충분하다. 약물 없이 변성의식상태로 가는 길을 찾는다면 특히 더 그렇다.

이탈리아 피사대학교의 안드레아 자카로Andrea Zaccaro는 승려들이 세상 그리고 모든 사람과 하나가 되는 존재의 다른 차원에 이른다는 이야기를 듣고 호기심을 느꼈다. 그는 이런 놀라운 결과를 낳는 원인이 느린 호흡인지, 아니면 정신적으로 다른 것을 배제하고 호흡에만 집중하면 나타나는 부수적 효과인지 알아내고자 했다. 달리 말해 정신의 변화가 의도적인 호흡 제어로 인한 결과인지, 집중하는 활동의 결과인지 알고 싶었던 것이다.

이를 알아내기 위해 자카로는 실험 참가자 열다섯 명의 머리에 전극을 연결했다. 연구진은 참가자의 콧구멍에 삽입관을 넣어 공기를 주입했고, 15분간 분당 3회의 속도로 호흡하도록 했다. 삽입관 이외에는 콧구멍을 막아 코 호흡은 하지 못했지만 입으로는 여전히 자유롭게 숨을 쉴 수 있었다. 대단히 불편할 것 같지만 실제로는 전혀 그렇지 않다. 심지어 잠이 들어버린 참가자도 있었다.

연구 결과, 이번에는 낮은 주파수의 델타파와 세타파가 뇌 전체에 동기화되어 있었다. 이 주파수들은 정서 처리 영역과 디폴트 모드 네트워크default mode network, DMN에서 특히 강했다. DMN은 우리가 자신에 대한 내적 사고를 할 때도 활성화된다. 세타파는 깊은 이완, 정신적으로 유리된 느낌, 외부 세계보다는 내부에 집중된 느낌을 동반하는 파동이다. 이런 뇌 활동으로부터 예상할 수 있듯이 참가자들은 실험에 참여하는 동안 깊은 이완과 만족감을 느꼈다고 말했고, '생각'이 아닌 '존재'의 상태로 자신의 정신에서 벗어나 있었다고 보고했다.

듣기만 해도 기분이 좋아지는 이런 느낌은 명상가들이 훈련에 정진하는 이유를 설명해준다. 분당 3회 호흡은 끊임없는 생각으로부터 정신을 쉬게 해주고, 자기 자신보다 더 큰 뭔가의 일부가 된다는 구속 없는 감각, 즉 우리에게 무엇보다 절실한 것들을 가져다줄 수 있다.

이것이 뭔가 대단한 영적인 힘의 증거라고 믿든 단순히 기분이 좋아지는 생물학적 현상이라고 믿든 중요한 것은 하나다. 뇌파가 호흡의 속도와 동기화하는 방식 덕분에, 돈 한 푼 들이지 않고 누구든 이런 느낌에 도달할 수 있다는 것. 우리에게 필요한 일은 분당 3회로 호흡 속도를 늦추는 연습뿐이다.

6의 마법

분당 3회의 속도로 호흡을 하려면 연습이 필요하다. 자카로의 연구에서 드러났듯이 천천히 호흡하며 우주와 하나가 되는 느낌을 받을 때까지 잠들지 않기란 쉽지 않다. 좀 더 쉽게 연습하기 위해서는 분당 6회가 적절하며 연구에 따르면 이 정도의 속도가 신체적·정신적·정서적 건강에 더 좋은 것으로 보인다. 10초간 숨을 들이쉬고 내쉬면 자율신경계의 균형이 '활성'에서 '진정'으로 바뀐다.

분당 6회 호흡은 기분을 좋게 만들어주기도 한다. 지원자들에게 여러 속도로 호흡을 한 뒤 그 기분을 보고하도록 한 실험에서, 사람들은 분당 6회 호흡이 가장 편안하게 느껴진다고 말했다. 분당 6회 호흡은 모든 면에서 평온과 만족의 감각으로 가는 지름길이다.

인류는 오래전부터 본능적으로 이 호흡 속도를 실천한 것으로 보인다. 2001년의 한 연구는 라틴어로 묵주 기도를 암송하는 것에서부터 요가의 만트라를 영송하는 것까지, 고대의 영성 실천법들이 분당 6회로 호흡 속도를 늦춘다는 것을 발견했다. 연구자들은 이러한 암송이 신자들에게 차분하고 평온한 느낌을 가져다주었으리라고 추측했다.[7]

분당 6회 호흡은 어떠한 영적인 믿음도 의심하는 무신론자라도 차분하게 만든다. 기도문이나 만트라도 필요 없고, 의식적으로 호흡을 셀 필요도 없다. '복식호흡'이라고도 하는 횡격막 호흡을 하는 것만으로 이 모든 효과를 누릴 수 있다. 초보자들이 효과를 보는 가장 쉬운 방법은 반듯이 누워서 무릎을 세우고 한 손은 가슴에 다른 한 손은 배에 두는 것이다. 다음으로 배가 나오는 것이 느껴질 때까지 천천히 숨을 마셔서 갈비뼈를 바깥쪽과 아래쪽으로 확장시킨다. 가슴이 조금 나올 수는 있지만 많이 나와서는 안 된다. 이후 숨이 끝까지 차면 복근을 당겨서 배를 누른다. 이로써 횡격막이 다시 올라가고 공기가 코로 빠져나온다. 꾸준히 연습하면 앉아서도, 심지어는 움직이면서도 복식호흡을 할 수 있다.

심호흡이 정신에 영향을 미치는 가장 직접적인 이유는 혈류에 더 많은 산소를 공급하기 때문이다. 폐는 분당 6회 호흡을 할 때 폐의 공기 주머니를 가장 많이 채운다. 때문에 분당 6회 호흡이 신체에 산소를 주입하는 데 가장 효율적인 호흡 속도다.

또 다른 이유 중 하나는 우리가 의식적으로 호흡을 몸 밖으로 밀어내지 않고서는 분당 6회의 호흡을 할 수 없다는 것이다. 무의식적인 호흡으로는 이런 일이 일어나지 않는다. 자연스럽게 호흡하면, 즉 폐의 확장을 멈추고, 횡격막은 그대로 두고, 흉곽이 제자리로 돌아가게 하면, 공기는 수동적으로 폐를 떠난다. 반면 공기를 적극적으로 밀어내면, 폐가 확실히 비워지며 생긴 큰 공백에 새로운 공기가 들어올 수 있다. 이로써 공기 주머니까지 이르지 못한 들숨이 다시 날숨으로 나가버리는 일이 줄어든다.

이런 기제 때문에 심호흡은 혈중 산소 포화도를 무려 2퍼센트나

높일 수 있다. 이는 명료하게 생각하는 능력에 작은 차이를 만들기에 충분한 양일 것이다.[8] 호흡에 산소를 추가한 사람과 그러지 않은 사람에게 인지 과제를 부여하자, 산소를 추가로 받은 사람들이 좀 더 나은 성과를 보였다.[9] 산소가 추가된 공기를 호흡하면 혈중 산소 포화도가 2퍼센트 높아진다는 결과가 나왔다. 분당 6회 호흡을 할 때와 비슷한 수치다. 심호흡이 인지 능력을 높인다는 가설을 증명하는 실험은 아직 이루어지지 않았지만 심호흡이 산소 포화도를 높이고, 인공적인 수단이 산소 포화도를 비슷한 정도로 상승시켰다는 것을 감안하면, 이 가설은 지나친 비약이 아닐 것이다.

마지막으로, 세상에서 가장 얕게 호흡하고 주로 앉아서 생활하는 사람도 질식할 위험은 없다는 점을 지적해야겠다. 혈중 산소 포화도는 96~98퍼센트 사이이며, 신체는 이 범위를 지키는 일을 매우 잘한다. 하지만 거기에서 조금만 더해져도 일시적으로 각성되고, 처리 능력이 좋아질 수 있다. 산소는 포도당과 함께 두뇌 기능의 주식이기 때문이다. 어느 정도까지는, 많을수록 좋다.

미주신경

느리고 깊은 호흡의 또 다른 장점은 몸과 정신이 이완되는 느낌이다. 이는 분당 6회라는 마법의 호흡 속도에 맞춰진 경로를 통해서 이뤄지는데, 이 연결을 성사시키는 것은 몸 안에서 가장 긴 신경인 미주신경이다.

뇌간의 연수 안에서 시작되는 미주신경은 소화관 끝까지 이어지는데, 도중에 멈추어서 심장, 폐, 장을 확인한다. 몸 안을 들여다보면 두 개의 긴 끈처럼 보이는 것이 미주신경이다. 목 양 옆에서 내려와 여러 개의 좀 더 얇은 부분으로 갈라져 장기들과 접촉한다.

미주신경은 초기 해부학자들도 알아볼 만큼 길고 두껍고 눈에 띈다. 기원후 2세기경 로마의 해부학자 갈레노스가 저술한 책을 통해 처음으로 문헌에 등장했다. 당시에는 인간의 몸이 움직이는 방식에 관해 알려진 게 거의 없었다. 그때 갈레노스가 이 길고 구불구불한 신경의 힘을 알아내기만 했어도, 인류는 정신적 스트레스에서 스스로를 구원하며 살아가지 않았을까. 미주신경은 몸에 어떤 일이 일어나고 있는지를 업데이트하며 우리가 어떻게 생각하고, 행동하고, 느껴야 하는지에 관한 정보를 뇌와 몸 사이에서 전달하는 필수적인 역할을 한다. 또한 우리가 기필코 잘 다스려야 하는 염증을 조절하는 일도 미주신경의 몫이다.

미주신경을 구성하는 섬유의 약 80퍼센트가 장기들에서 최신 뉴스를 모으는 '대화방'이 있는 뇌로 다시 흘러들어간다. 나머지 20퍼센트 정도는 부교감신경계의 일부로, 반대 방향으로 움직인다. 부교감신경계는 걱정할 것이 없을 때 몸을 이완하고 차분하게 유지하는 일을 전문으로 한다. 우리가 차분해질 때는 미주신경의 활동성이 높아지고 호흡 속도, 심박수, 혈압이 모두 떨어진다. 믿거나 말거나 신체의 기본 상태는 이래야 한다. 먼 꿈처럼 들리겠지만, 정말 중요한 일이나 생사가 오가는 일이 없는 한, 당신은 이완되고 차분한 상태에 있어야 한다. 설사 무서운 일이나 큰일이 닥쳤을 때도 투쟁-도주의 필요가 사라지자마자 몸을 휴식과 소화의 상태로 돌려놓는 것이 미주신경의 임무다.

스트레스에 대한 반응성은 미주신경을 따라 변화하기 때문에 호흡을 이용해 스트레스에 보다 건강하게 반응하도록 신체를 훈련할 수 있다. 단기적으로는 물론 장기적으로도 말이다. 천천히 호흡하는 연습을 계속하면 스트레스 반응의 기본 수준이 변화해서 흥분을 덜할 수 있게 되고, 흥분했을 때도 빨리 회복할 수 있다.

'미주신경 긴장도'라 불리는 미주신경 내 기준 활동의 수준은 연속된 두 심장박동 간의 변동을 나타내는 심박변이도heart rate variability, HRV를 추적해 아주 쉽게 측정할 수 있다(간접적이긴 하지만). 집에서도 스마트폰의 다양한 앱이나 대부분의 스마트 워치를 통해 측정할 수 있다.

심장박동, 미주신경 긴장도, 호흡이 왜 그렇게 밀접하게 엮여 있는지에 관한 상세한 내용은 상당히 복잡하지만, 근본적으로는 가슴이 오르내릴 때 가슴 안의 압력 변화 때문이다.[10] 숨을 들이쉬면 횡격막이 아래로 움직이고 흉곽이 확장되며, 이 두 가지가 합쳐져 흉강 내에 공간을 늘리고 가슴 내부의 모든 것에 가해지는 압력을 감소시킨다. 여기에는 심장으로 혈액을 보내는 대동맥도 포함된다. 압력이 감소하면 대동맥이 확장되어 그 안으로 더 많은 혈액이 흐를 수 있다. 신장 수용기는 이 변화를 감지하고, 미주신경을 통해 더 많은 혈액이 오는 중이니 심장이 펌프질을 더 빨리 하도록 브레이크에서 발을 떼야 한다는 메시지를 보낸다.

숨을 내쉴 때는 반대의 일이 일어난다. 횡격막이 올라가고 압력이 증가해, 심장으로 돌아가는 혈관을 압박하고 신장 수용기로 가는 신호를 감소시킨다. 이는 미주신경에게 혈류가 감소했으니 브레이크를 잡아서 심박수를 떨어뜨리고, 이용 가능한 산소가 사용되고 폐가 비워지는 동안 불필요한 심장박동을 막아 에너지를 절약해야 한다고 알린다."

이 모든 개폐 활동은 숨을 들이쉴 때는 심박수가 꾸준히 상승하고 숨을 내쉴 때는 느려진다는 의미다. 심박수 리듬의 변화는 미주신경 긴장도의 변화를 보여준다. 결국 심박수가 다양할수록 좋다. 심박수를 적절하게 유지하기 위해 호흡 때마다 미주신경이 끼어든다는 의미기 때문이다. 심박변이도가 떨어지면, 그것은 몸이 스트레스를 받고 있으며 미주신경이 일시적으로 경기장에서 물러나 있다는 신호다.

이유는 다 파악하지 못했지만 심박변이도는 분당 6회 호흡 시에 가장 높아지는 것으로 나타났다. 그리고 그 영향은 지속되는 것 같다. 실험 참가자들을 30분 동안 분당 6회의 속도로 호흡하게 한 연구에서, 심박변이도가 순간적으로 그리고 이후 단기간 증가했다. 이 사람들은 실험 이후 몸을 기반으로 하는 감정 조절 전략을 사용할 가능성이 더 높아졌다고 보고했다. 이는 그들의 내부수용감각 경로 또한 증가했음을 보여준다.

마음을 진정시키기 위해 이런 경로를 가급적 자주 사용하면 좋은 이유는 여러 가지다. 미주신경 긴장도가 높아지면 작업 기억과 집중력이 좋아지며, 정서적으로 안정되고 불안과 우울증의 위험도 감소된다. 혈당 수치를 제어하는 능력과 염증을 억제하는 능력도 좋아진다. 또한 스트레스 반응에서 빨리 벗어나 회복할 수 있다.

숨 쉬며 움직이며

그렇다면 호흡에 맞춰 움직일 때는 어떤 일이 벌어질까? 요가, 태극권, 기공氣功, 수영, 달리기, 자전거 타기에 이르기까지 수많은 운동이 호흡의 리듬을 포함하고 있다.

그동안 앉아서 하는 명상에 관해서는 엄청난 연구가 쏟아진 반면, 움직이는 명상이 우리 정신에 미치는 영향이 있는지 또는 의식적으로 호흡하며 움직이는 것과 그러지 않은 움직임 사이에 차이가 있는지를 다룬 연구는 매우 적다.

다트머스대학교 가이젤의과대학의 피터 페인Peter Payne과 마르디 크레인-구드로Mardi Crane-Godreau는 2013년에 이와 관련된 논문을 발표했다. 두 질문에 대한 그들의 답은 "아마도"였다. 일부 연구는 기공 훈련이 스트레칭만 하는 것보다 더 그리고 상담 치료보다 훨씬 더 기분을 개선했다고 보고했다. 한편 다른 연구는 마음챙김 운동이 전형적인 운동보다 삶의 질을 향상시키고 자기 효능감을 높이는 데 더 강력한 도구라는 것을 발견했다.

페인과 크레인-구드로는 지금까지 이루어진 대부분의 연구는 질이 좋지 않으며, 비교에 적절한 통제 그룹이 없었다는 상당히 중요한 경고를 덧붙였다. 그렇다 하더라도 마음챙김의 움직임이 전통적인 운동보다 힘이 훨씬 덜 든다는 것을 고려하고, 마음챙김이나 기공 수련이 정신에 강하게 영향을 미치는 것처럼 보인다는 사실을 감안한다면, 그에 관해 자세히 연구해볼 가치가 있다는 것이 그들의 지적이다.

페인과 크레인-구드로는 마음챙김 운동에 마법 같은 힘을 가진 분당 6회 호흡이 포함된다는 점에도 주목한다. 두 사람은 이 속도에서 호흡과 혈류가 완벽하게 동기화된다는 점에서 호흡과 에너지라는 두 개의 의미를 갖고 있는 '기' 혹은 '프라나'가 몸 주위를 움직이는 감각을 설명할 수 있을 것이라고 생각한다. 그들은 "혈액량의 변화는 '팔과 다리로 호흡을 불어넣는다' 같은 말의 근거가 될 수 있다. 물리적으로는 분명히 불가능한 일이지만, 혈액량이 규칙적으로 진동하는 순간에 관한 좋은 묘사가 될 수도 있을 것"이라고 적고 있다.[12]

하지만 어떻게 '기'를 옮기고, '프라나'를 받아들여야 하는지 격정할 필요는 없다. 강아지를 산책시키며 직접 해본 실험에 의하면, 분당 120보로 걸을 때 별로 어렵지 않게 분당 6회 호흡을 할 수 있다. 기억하겠지만 이것은 발에 압력을 주는 타이밍을 계산해 뇌로 가는 혈액의 흐름을 최적화한다고 여겨지는 속도이기도 하다. 이것을 실천하는 가장 쉽고 실용적인 방법은 분당 120박자가 주가 되는 음악에 맞춰 걷는 것이다. 쿨 앤드 더 갱의 〈셀러브레이션〉, 레이디 가가의 〈저스트 댄스〉, 아델의 〈루머 해즈 잇〉 등 너무나 많다. 당신이 좋아하는 음악 장르와 '120bpm'을 함께 검색해보라. 노래를 들으면서 다섯 걸음에 숨을 들이쉬고 다섯 걸음에 숨을 내쉬어보자. 거니는 것보다는 행진에 가깝다. 나는 5분 이상 계속하기가 힘들었지만 집중력이 좋아지는 것을 확실히 느꼈다. 게다가 내내 앉아 있던 몸과 마음의 분위기를 전환하는 데에 매우 적당한 움직임이었다.

움직이면서 호흡하기로 했든 가만히 앉아서 호흡하기로 했든 중요하지 않다. 삶이 버겁게 느껴질 때면 언제든 호흡의 속도를 끌어내려보자. 그러면 세상의 모든 것들로부터 멀어져 짧게나마 진정한 휴식을 취할 수 있을 것이다.

호흡

- ○ **깊게 호흡하라:** 깊게 숨을 쉬는 것은 한동안의 얕은 호흡 뒤에 호흡계를 재설정한다. 이로써 당신이 상황을 잘 살피고 앞으로 나아갈 수 있게 해준다.

- ○ **분당 6회 호흡:** 5초 동안 숨을 들이쉬고 5초 동안 숨을 내쉰다. 이는 산소 섭취를 최대화할 뿐 아니라, 부교감신경계의 일부인 미주신경을 자극해 몸을 진정시킨다.

- ○ **분당 3회 호흡:** 10초간 숨을 들이쉬고 10초간 숨을 내쉰다. 연습이 필요하지만 당신을 변성의식상태로 데려갈 수 있다.

- ○ **코로 호흡하라:** 코를 통한 호흡은 뇌파를 호흡의 리듬에 동기화시킨다. 이는 기억력과 집중력을 높이며 응급 상황에서 몸을 더 빨리 움직이도록 준비시키기도 한다.

8

휴식의 기술

휴식은 모든 움직임에 필연적인 해독제다. 결국 우리 모두는 주저앉고 싶은 충동에 굴복해야 하는 때를 맞는다. 그런데 우리는 적절하게 잘 쉬는 방법 역시 모르고 살아간다. 거의 모든 사람이 하루 중 대부분을 지쳐 있다고 느끼지만, 휴식이 실제로 무엇인지에 관한 연구는 거의 없다. 활동과 휴식 사이의 균형을 찾는 것은 움직임을 통해 삶을 개선할 방법을 찾는 데 중요한 부분이다. 따라서 휴식이 의미하는 바가 무엇이고, 어떻게 잘 쉬어야 하는지 간단히 알아보는 것도 의미 있을 것이다.

먼저 우리가 가장 잘 쉬었다고 느끼는 휴식인 수면에 대해 알아보자. 잠도 휴식인 것은 확실하지만 휴식과 수면은 전혀 다르다. 가장 분명한 차이는 잠을 자지 않으면 죽는다는 점이다. 수면이 박탈된 쥐는 몇 주 안에 죽고, 잠이 점차 없어지는 희귀 유전 질환을 가진 사람은 진단 후 12~18개월 사이에 죽는다.[1]

특히 서파 수면(깨어나기 힘든 깊은 수면 단계)은 기억 처리와 저장에 필수적이다. 또한 야간의 서파 수면 동안에 뇌는 청소를 시작해 알츠하이머와 연관된 불량 단백질을 비롯해 낮 동안 쌓인 노폐물을 치운다.[2] 한편 렘수면 동안 꾸는 꿈은 감정을 처리하는 역할을 하는 것으로 보인다. 수면이 부족하면 머리만 멍한 것이 아니라 짜증이 나는 이유도 이 때문일 것이다.

잠은 몸이 재건되는 시간이기도 하다. 뇌하수체에서 분비되는 성장 호르몬이 성장과 보수 활동을 강화하며, 한편에서는 면역 시스템이 한가한 시간을 이용해서 순환하는 면역 세포의 수를 조사하고, 조정하고, 과도한 염증을 억제한다.[3]

수면은 활동적인 삶에 없어서는 안 될 파트너로서 우리가 정신적·감정적·육체적으로 최상의 상태에 있게 해준다. 전문가들은 하룻밤에 적어도 일곱 시간을 자고, 취침과 기상 시간을 규칙적으로 지키며[4] 잠자기 전에 카페인, 스크린 보기, 과도한 식사를 피하라고 조언한다. 이것만 잘 실천해도(그리고 운이 함께 한다면) 몸과 정신의 건강을 유지할 수 있다.

깨어 있는 휴식도 그만큼 중요하다. 그러나 잠과는 달리 이것은 자발적이다. 휴식은 지독할 정도로 과소평가되고 있다. 우리는 바쁜 삶을 신앙처럼 받들면서 휴식을 이기적인 도락으로 보는 지점에까지 왔다. 학생들부터 의료 종사자, 완벽주의 부모들에 이르기까지 사회 곳곳에서 번아웃에 대한 보고가 나오고 있다.

현대에서 이렇게 휴식이 과소평가되기 때문인지 건강해지는 방법으로서 휴식에 관한 연구는 찾아보기 힘들다. 이런 간극을 채우기 위한 시도로, 영국의 보건자선단체 웰컴트러스트는 2014년부터 2016년까지 이 주제에 관한 역대 최대 규모의 설문조사에 착수했다. 그들은 약 135개국의 1만 8,000명을 대상으로 휴식이 어떤 의미인지, 휴식이 얼마나 필요하다고 느끼는지, 실제로 얼마나 휴식을 취하는지 물었다. 그 결과로 2016년 발표된 자료는 응답자의 60퍼센트가 생활 속에서 충분히 한가한 시간을 갖지 않고 있다고 느낀다는 것을 보여주었다.[5] 우리가 휴식을 도덕적으로 옳지 않다고 생각한다는 사실을 분명히 보여주는 듯한 결과도 있다. 30퍼센트 이상은 다른 사람들보다 더 많은 휴식이 필요하다고 보는 자신을 특이하다고 생각했다.

큰 문제다. 휴식의 부족은 집중력을 떨어뜨리고 우리를 무기력하고 감정적으로 만들면서 정신적·정서적 생활에 큰 혼란을 야기하기 때문이다. 조사에서는 스스로 피곤하지 않다고 응답한 사람들이 전반적인 건강에서 가장 높은 점수를 기록했다.

그렇다면 어떻게 휴식의 필요와 정적인 생활의 위험 사이의 균형을 맞출 수 있을까? 해법은 몸과 마음을 회복해 다시 움직일 수 있도록 동력을 공급하면서 최대한 현명하게 쉬는 것이다.

클라우디아 해먼드Claudia Hammond는 저서 『잘 쉬는 기술The Art of Rest』에서 웰컴트러스트의 설문 및 다른 관련 과학 연구를 기반으로 한 기본적인 방안을 내놓고 있다.[6] 해먼드는 움직임에서와 마찬가지로 모두에게 맞는 하나의 묘책은 없지만 잘 쉬는 기술의 일반적인 규칙은 있다는 것을 발견했다.

가장 중요한 점은 휴식이 꼭 정적일 필요는 없다는 것이다. 가벼운 등산을 다녀온 뒤에 정신이 맑아지고 적당한 피로감을 느꼈다면 등산 또한 휴식이다. 정원을 가꾸거나 악기를 연주하거나 성관계를 하거나 스포츠를 즐기는 것도 마찬가지다. 잠시 동안 걱정을 잊을 수 있고 이완되며 재충전됐다는 느낌을 준다면 당신이 원하는 만큼의 적극적인 활동도 휴식이 될 수 있다.

그러나 휴식이 지나칠 경우는 독이 되기도 한다. 자신의 행복을 가장 높게 평가한 사람들은 평균적으로 하루 5~6시간 정도 휴식을 취하고 있었다. 휴식 시간이 그 이상이면 지루함과 죄책감을 느끼기 시작하며 이는 오히려 스트레스가 된다. 어떤 휴식이든 자발적이어야 한다. 누군가가 강요해서 억지로 하는 휴식이라면 효과가 없다.

특히 흥미로운 결과는 독서와 산책, 음악 감상 등 휴식으로 느껴진다는 평가를 받은 거의 모든 활동이 혼자서 하는 일이라는 점이다. 내향적인 나에게는 매우 당연한 일이지만 외향적인 응답자의 경우에도 마찬가지였다. 심리학자 펠리시티 캘러드Felicity Callard는 사람들이 혼자만의 시간을 휴식으로 받아들이는 것은 자신의 감정에 귀를 기울일 수 있기 때문이라고 추측했다.

중요한 점이 있다. 처음에 언급했던 움직임의 주요한 특징 중 하나에 관한 이야기로 돌아가보자. 움직임은 우리가 목 아래에서 일어나는 일에 보다 관심을 기울이게 해주고, 정신을 그것이 속한 몸으로 돌아가게 한다는 점 말이다. 정신과 몸이 긴밀하게 연결되면 몸의 휴식 신호를 알아차리고 그에 맞게 행동할 가능성이 더 높다.

실제로는 몸이 지쳐 휴식이 필요한 상태와 움직임이 도움이 되는 무기력한 상태의 차이를 구분하기 어려울 수 있다. 또한 대다수의 사람들이 약한 수면 부족 상태이기 때문에, 졸음까지 섞이면서 문제는 훨씬 더 복잡해진다. 신체의 피로 신호를 무기력함과 동일하게 느낀다면 문제를 해결하기 힘들다. 더구나 그 둘은 함께 오는 경우가 많기 때문에 구분을 위해서는 약간의 감별 작업이 필요하다.

이 부분에 상식이 관여한다. 오랫동안 앉아 있었더라도 정신적인 에너지를 많이 사용했다면, 무력감이 밀려올 수 있다. 무기력은 의지의 문제에 가까운 반면, 피로는 신체가 활동을 충분히 해서 에너지를 되찾아야 한다는 신호에 가깝다. 어떻게 하면 몸을 이용해 무력감을 떨쳐내는 것이 나은지, 잠시 손을 놓고 쉬어야 좋은지 결정할 수 있을까?

우선은 혼자 시간을 보내면서 정신의 여백을 찾아야 한다. 그래야 자신이 어떻게 느끼고 있는지를 알아챌 수 있다.

이 방법은 아주 쉽고 당연해 보인다. 다만 자기 몸의 신호를 읽는 일을 염증이 방해하고 있다면 결코 쉽지 않다. 염증은 몸이 손상되거나 감염되었으며 사용 가능한 에너지를 우선적으로 회복에 투자해야 한다는 것을 알려주는 중요한 신호다. 하지만 우리가 이미 보았듯이 염증은 스트레스가 있을 때, 몸보다 마음이 더 위험할 때도 악화된다. 이것은 정신적 스트레스가 몸을 피곤하게 만들고, 더는 움직일 기분이 들지 않게 만드는 이유를 설명해준다. 이런 상황에서 염증은 몸에 휴식이 필요하다고 느껴지도록 우리를 속인다. 실은 정반대의 일이 필요한데 말이다.

스트레스와 관련된 피로를 처리하는 데에는 두 가지 선택지가 있다. 둘 모두 움직임과 관련된다. 첫 번째는 고강도 운동을 하는 것이다. 활발한 신체 활동은 혈액 속의 염증 수치를 잠시 상승시킨다. 굳이 왜 그래야 하는지 궁금한가? 염증이 문제가 되는 것은 손을 쓰지 않고 놓아둘 때뿐이라는 점을 기억해야 한다. 염증 반응이 잠시 최고조에 달하면서 몸은 현재 상황을 통제하기 위해 화염을 진압해야 한다는 아주 분명한 신호를 받게 된다.

두 번째는 산책, 태극권, 요가, 앉아서 하는 호흡 등 덜 활동적인 운동을 하는 것이다. 이러한 움직임도 스트레스 반응을 해킹하여 진정시키고 미주신경을 통해 모든 상황이 잘 돌아가고 있다는 메시지를 전달함으로써 염증을 가라앉힌다. 스트레스를 날리고 싶다면 당신이 선호하는 어떤 움직임이든 일단 몸을 움직여라. 움직임은 지칠 대로 지쳐서 움직일 수 없다고 스스로를 설득하는 데 걸리는 시간보다 더 빠르게 당신을 무기력한 상태에서 구출해낸다.

이 모든 것이 피로라는 현대의 재앙이 일부는 움직임의 부족으로, 또 일부는 적절한 휴식의 부족으로 설명된다는 것을 이야기해준다. 움직임 없는 휴식, 또는 휴식 없는 움직임은 절반의 건강만을 가져다줄 것이다. 우리는 차분해지기 위해 움직여야 하고, 차분한 상태에서만 적절하게 움직일 수 있다.

움직임 수업
휴식

- **혼자가 되어라:** 자신의 내부수용감각에 귀를 기울이는 시간을 가져라. 당신에게 어떤 종류의 휴식이 필요한지를 알아채야 한다. 정신적인 휴식인지 신체적인 휴식인지 둘 다인지 확인해보라. 스트레칭이나 호흡과 같은 부드럽고 의식적인 움직임이 도움이 될 것이다.

- **적당히 쉬어라:** 연구에 따르면 5~6시간 이상의 휴식은 지루하고 오히려 스트레스가 된다.

- **움직여라:** 휴식이라고 반드시 정적으로 있어야 하는 것은 아니다. 몸이 활동하는 상태는 바쁜 정신을 쉬게 하는 좋은 방법 중 하다. 당신의 정신이 마음껏 떠도는 시간을 마련하여 무기력을 날려버려라.

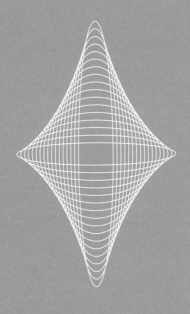

9

일상에 더 많은 움직임을

많은 과학적 증거들이 몸의 움직임을 정신 건강과 연결 짓는다는 사실을 머리로 아는 것과 몸으로 직접 경험하는 것은 전혀 달랐다. 코로나19로 인해 도시 전체가 문을 닫으면서 우리는 밖에서 걷거나 뛰지 못했고, 신선한 공기를 마시지 못했으며 원하는 운동도 할 수 없었다. 움직임이 나와 우리 가족이 느끼는 방식에 어떤 영향을 주는지를 절실하게 깨달았던 시간이었다. 평범한 일상을 빼앗긴 상황에서 우리가 어떻게 달라지는지를 그 어느 때보다 확실하고 직접적으로 확인할 수 있었다. 움직임과 건강하고 집중력 있는 정신 사이의 관계를 의심하던 사람들도 이전과 다르게 생각해보는 계기가 되지 않았을까.

나는 집에서 아들의 공부를 도우면서 하루에 500단어를 쓰겠다는 목표를 세웠다. 그러면서 잠옷 바람으로 휴대전화를 만지작거리는 대신 유튜브 홈트레이닝 영상을 따라 하며 하루를 시작하면, 짜증을 내면서 하루를 마무리할 확률이 훨씬 낮아진다는 사실을 알았다. 트램펄린에서 한바탕 뛰는 것은 공부하는 과목을 바꾸는 시간을 알리고, 일과를 구조화하고, 남아도는 에너지와 짜증을 배출하고, 집중력을 재설정하는 좋은 방법이었다. 이런 방법을 모르는 채로 글을 쓰면서 고통스러워했던 몇 년이 후회스럽다.

시간이 흐를수록 우리 모두가 분명히 느끼게 됐다. 가족 모두가 우울한 기분에 빠져들던 날은 정부에서 허락한 신선한 공기를 마시며 운동하는 시간을 저녁 늦게까지 미뤘던 날이라는 것을 말이다. 마침내 몸을 움직여 산책을 하거나 자전거를 타면, 말다툼을 했건 부루퉁해 있건 우리의 관계는 항상 대화와 웃음으로 마무리되었다.

봉쇄 상황은 힘들었다. 하지만 동시에 선물이기도 했다. 그 시간은 정적인 생활의 정신적·감정적 대가를 축소해서 보여줬고, 적절한 타이밍의 움직임이 안도를 준다는 점을 명확하게 입증해주었다. 영국에서처럼 하루 단 한 번의 외출만이 허락되면, 변화는 더욱 명확하게 드러난다.

이 책을 쓰기 위한 사전 조사에서 내가 만난 사람들은 격리 조치를 당하기 전부터 이미 이 사실을 잘 알고 있었다. 이 책을 쓰는 목적은 그들의 경험과 여러 과학적 증거들을 제시함으로써, 몸을 움직여야 건강해지고 행복해진다고 나 자신과 모두를 설득하는 데 있다.

지금까지 나는 움직임이 정신에 미치는 영향에 관한 의문을 여러 가지 부분으로 나누어 개별적으로 살펴봤다. 서구 의학의 이런 방법은 오랫동안 전체론적 의학을 실천하는 사람들에게 비판을 받아왔지만, 거기에 관해 사과하지는 않으려 한다. 몸에서 어떤 일이 일어나고 있는지 파악하는 데 꼭 필요한 첫 단계이기 때문이다. 물론 이런 것들은 일상에서 거의 필요치 않다. 하지만 우리가 지금 알고 있는 것을 어떻게 실제에 적용할지에 대한 유용한 제안을 하기 위해서는 이런 부품들을 모두 모으는 일이 꼭 필요하다.

그 첫 단계는 과학자, 움직임의 전문가들과 나눈 대화에서 계속 반복되는 공통의 주제를 살피는 것이다. 많은 사람이 각자 매우 다른 방법으로 정확히 같은 일을 하려는 것처럼 느껴질 때가 아주 많았다. 정신에 영향을 주려는 다양한 형태의 움직임은 여러 면에서 동일한 정신-신체의 직통 라인을 이용하는 경향이 있었기 때문이다.

모든 움직임에 포함되는 필수 요소들을 요약하면 다음과 같다.

1) 중력에 저항하기

헬스장의 요란한 장비들은 잊어라. 인간의 몸은 아래로 잡아끄는 중력에 맞서도록 만들어져 있다. 뼈에 체중을 싣고 움직이는 것은 뼈로부터 오스테오칼신의 분비를 촉진한다. 이 호르몬은 기억력과 전반적인 인지 능력을 향상시키고 불안감을 감소시킨다.

중력에 저항하면서 발바닥에 가해지는 압력은 혈액이 몸 안을 효율적으로 돌게 해서 뇌에 활력을 준다.

또한 몸의 무게중심을 이리저리 옮기는 것은 근육을 강화해 자신감과 자존감을 높이며, 앞을 향해 움직이는 것은 신체적으로나 정신적으로 당신을 더 나은 곳으로 데려간다.

2) 함께 춤추기

인간은 사회적 동물이다. 움직임은 다른 사람과 유대를 맺는 효과적인 방법이다. 이는 집단으로 함께할 때 특히 효과적이다. 뇌 영상 연구는 집단으로 작업하는 학생들의 뇌파 패턴이 협력할 때 동기화되는 것을 발견했다.

춤을 출 때 같은 현상이 일어난다는 것을 보여주는 연구도 있다. 우리는 음악에 맞춰 움직이는 것이 두뇌를 박자에 맞춰 동기화시키며 함께 움직이는 것이 나와 타인 사이의 경계를 흐리게 만들어 협력의 가능성을 높인다는 것을 이미 알고 있다. 따라서 춤, 북 치기, 태극권, 단체 운동 프로그램 등 동기화와 관련된 움직임을 실행해보는 것도 좋다. 이 모든 움직임은 서로와 연결된 느낌을 준다. 혼자이고 소외된 느낌을 받는다면, 음악에 맞춰 움직임으로써 그루브를 타보자(고개만 까딱이더라도). 세상을 조금 더 가깝게 느낄 수 있을 것이다.

3) 먼 조상의 움직임 따라 하기

우리는 헤엄쳐서 강을 건널 필요도, 코코넛을 따기 위해 나무에 올라갈 필요도, 이상한 낌새를 느끼지 못한 토끼들에게 창을 던질 필요도 없다. 하지만 애초에 몸이 만들어진 목적에 맞는 이런 움직임은 우리의 기분을 북돋운다. 최근 들어 근막, 스트레칭과 건강한 면역 체계 사이의 연결이 부각되고 있다. 이는 인간적인 동작의 범위를 최대한 활용하는 움직임이 체액이 몸 안에서 계속 움직이게 함으로써 기분을 갉아먹는 염증이 접근하지 못하게 만든다는 것을 알려준다.

천천히 수영을 하거나 관절이 동작을 준비할 수 있도록 스트레칭을 하는 등 느리고 부드러운 동작도 좋다. 보다 폭발적인 달리기, 점프, 던지기 등 저장된 에너지와 울분을 한번에 분출하는 동작도 있다. 스트레스를 받을 때면 종이 잘 발달시켜온 던지기 동작을 이용하는 것도 열기를 식히는 좋은 방법이다. 막대를 던져줄 개가 없고 야구나 크리켓 장비도 없다면, 재미로 도끼 던지는 법을 배울 수 있는 곳도 있다. 시도해보라. 도움이 될 것이다.

4) 코로 천천히 호흡하기

오로지 코로만 숨을 쉬며 분당 6회의 속도로 횡격막을 움직여보자. 어떤 속도로 숨쉬든 코만을 이용한 호흡은 뇌파가 호흡과 동기화되게 해주면서 대안적 정신 상태로 가는 지름길을 만든다. 각성을 위해 호흡에 집중하는 것이든, 이완을 위해 호흡의 속도를 조금 늦추는 것이든, 변성의식상태에 이르기 위해 심호흡을 하는 것이든 마찬가지다.

또한 깊게 들이쉬는 숨이 몸 안을 흐르는 산소의 양을 늘리고 집중력과 기억력에 도움을 준다는 증거가 있다. 반면에 입으로 호흡하면 이런 효과를 얻을 수 없고, 오히려 입 냄새와 충치를 유발할 수 있다.

5) 몸에 집중하기

정신이 머리에 있다는 생각에서 벗어나 몸에 있다고 여기는 것은 거의 모든 운동 연구를 전반적인 행복 증진과 연결시키는 주제다. 이런 생각이 효과를 발휘하는 것은 몸에 집중함으로써, 현재를 자각하고 행동을 촉구하는 신체 감각에 주의를 기울이게 해주기 때문이다.

연구에 따르면, 몸에 초점을 맞추면서 움직이는 것은 고강도 운동과 동일한 많은 이점을 제공한다. 이런 운동은 줌바나, 서킷 트레이닝, 고강도 인터벌 트레이닝 같은 격렬한 운동과 달리 남녀노소, 건강한 사람과 체력이 좋지 않은 사람 누구나 할 수 있다.

이는 몸에 귀를 기울이겠다는 의도로 행해지는 느리고 차분하고 의도적인 형태의 움직임이 모든 운동 계획의 중요한 토대라는 의미다. 약간 뜬구름 잡는 이야기처럼 들릴지도 모르겠다. 하지만 인간이 다리가 달린 뇌가 아니라, 완전히 통합된 몸과 마음을 가진 동물이라는 점을 반드시 상기해야 한다. 그 동물은 생각만으로는(또는 아무 생각 없이 역기를 드는 것만으로는) 살지 못한다.

6) 박자에 맞춰 움직이기

몸으로부터 정신을 풀어주고 스스로를 '있는 그대로'의 모습이 될 수 있게 해주는 움직임이 있다. 뇌파의 이상하지만 진실한 세계 덕분에 율동적인 움직임은 태어날 때부터 당신의 친구일 수밖에 없다. 박자에 주의를 집중하면 몸은 거의 의식적인 노력 없이 움직인다. 이는 일시적으로 정신을 육체에서 해방시킨다. 박자에 맞춘 움직임이 유발하는 무아지경의 효과는 화학적인 약물을 얻기 전에 우리가 정신에서 벗어나던 방법이었다. 이 방법은 여전히 예전만큼 잘 작동한다.

달리기와 걷기처럼 리듬감이 있고 반복적인 움직임을 시도해보라. 이런 움직임은 휴식만큼이나 우리의 행복에 필수적이다. 이는 샤워를 할 때나 잠이 들려 할 때 불쑥 나타나곤 하는 창의성에 접근하는 데 가장 좋은 방법이다. 혼자서 실행하면서 마음이 자유롭게 떠돌게 하라. 거기에서 솟아 나오는 기묘하고 경이로운 것들에 경탄하게 될 것이다.

7) 움직이며 배우기

피터 로밧이 춤의 기술을 글자 읽기에 적용하면서 발견했듯이, 몸을 통해 표현하고 이해하는 능력은 잘 움직이는 능력 너머까지 확장될 수 있다. 이것은 새로운 방식의 사고가 될 수 있다. 우리 문화는 배우는 것을 앉아 있는 것과 동일시하는 경향이 있다. 하지만 사실 우리는 동작을 통해 배우도록 만들어져 있다. 몸을 만들어진 의도에 맞게 움직임으로써, 우리는 세상과 그 안에서 우리가 이룰 수 있는 것을 이해하는 새로운 방법에 마음을 열게 된다.

어떤 움직임을 통해서 얻는 것이든, 강하고 민첩하며 자신의 몸을 제어할 수 있다는 느낌은 자신감의 강력한 원천이고 불안에 대한 해독제이며 전반적으로 더 나은 기분을 만드는 지름길이다. 큰 힘, 균형, 율동적인 움직임 등 어떤 방법을 통해 거기에 도달하든, 자신의 몸이 삶에 적합하다는 암묵적인 믿음은 시간과 노력을 들일 가치가 충분하다.

움직임 습관 만들기

이제 어려운 부분이 남았다. 당신의 생활에서 움직임이 들어갈 여지를 찾는 것이다. 언제나 바쁘게 일하지 않으면 안 되는 우리의 상황을 고려하면 가장 쉬운 방법은 운동할 시간을 따로 찾기보다는 일상에 더 많은 움직임을 포함하는 것이다.

대부분의 사람들과 달리 신체적·정신적 게으름에 빠지지 않고 사는 사람들의 드문 사례에서 영감을 얻는 것도 좋은 방법이다. 세계 전역에 걸쳐 100세 이상 사는 사람들이 평균보다 열 배 많은 지역이 있다. 이탈리아의 사르데냐, 그리스의 이카리아, 일본의 오키나와, 코스타리카의 니코야, 미국의 로마린다. 이 다섯 곳의 사람들이 치매와 정신질환을 겪는 비율은 평균치보다 훨씬 낮다. 가장 중요한 차이는 이곳의 사람들이 앉아 있는 모습을 보기가 힘들다는 것이다.

그런데 그들은 당신이 '운동'이라고 부를 만한 활동을 거의 하지 않는다. 대신 원예, 가축 돌보기, 걷기와 같은 저강도 활동이 일상의 일부로 계속 이어진다. 본래 우리는 이런 일을 하도록 만들어져 있다. 탄자니아의 하드자 부족 역시 우리 조상들이 그랬듯이 운동을 하지 않는다. 남성들은 하루 평균 11킬로미터 정도를 걸으면서 활과 화살로 사냥을 하고, 나무에 올라가 꿀을 채취한다. 여성들은 하루 6킬로미터 정도를 걷고 날카로운 막대로 마른 땅을 파 덩이줄기를 찾는다.[1] 쉬운 일은 아니지만 고강도 인터벌 운동처럼 격렬한 활동도 아니다.

진화인류학자 허먼 폰처Herman Pontzer의 연구를 통해 하드자 부족이 하루 동안 사용하는 열량이 평균적인 서구인과 거의 같다는 것이 드러났다. 그들은 그 열량을 좀 더 현명하게 사용할 뿐이다. 그들은 지방을 태우기 위해서가 아니라 엉덩이에 먼지를 묻히지 않고 휴식을 취하기 위해 스쿼트 자세를 취한다. 다리에 통증도 없다. 바닥과 가까운 곳에서 맴돌다가 일어나는 데 매우 익숙하기 때문이다. 그들은 우리만큼 오래 살고, 신체적으로 더 건강하며, 최근의 한 연구가 덧붙였듯이 "그들을 방문한 서구 과학자들보다 행복해 보였다."[2]

하루 종일 저강도로 움직이는 것은 몸과 마음 모두에 이상적인 시나리오에 가깝다. 정신과 육체의 톱니에 윤활유를 잘 발라두고, 혈액, 림프 등 모든 체액이 내부에서 사고, 감정, 움직임을 지지하는 방식으로 움직이게 하는 것이다. 하지만 앉은 자세로 출근해서 책상에 앉아 일을 한 뒤 앉은 자세로 집에 돌아와 다시 소파에 주저앉는 우리에게는 달성하기 어려운 일이다.

그렇다면 어떻게 해야 할까? 요즘은 몇몇 회사에서 서서 일할 수 있는 스탠딩 책상, 심지어는 트레드밀이나 실내 자전거가 부착된 책상을 구비하고 있다. 걸으면서 회의를 하기도 한다는데 이런 회의를 추진하려면 직급이 높아야 할 테고 따로 기록을 하지 않아도 되는 회의여야 할 것이다. 서서 TV를 보다가 광고가 나오는 동안 주위를 걸어 다니는 것도 좋다. 하루 이상 이 계획을 지킨다면, 당신은 나보다 의지력이 좋은 사람이다!

일생 동안 계속된 습관을 고치는 것은 대단히 힘든 일이다. 케임브리지대학교 행동건강연구소의 행동변화심리학자 테레사 마르토 Theresa Marteau의 이야기에 따르면, 우리가 통제할 수 있는 환경은 가정이 유일하다.[3] 많은 심리학 연구가 우리가 많은 결정을 거의 수면에 가까운 상태에서 내린다고 말한다. 무의식적인 단서에 반응하고, 생각 없이 행동하는 것이다. 그렇다면 일상에 더 많은 움직임을 끌어들이는 유일한 방법은 도저히 움직이지 않을 수 없게끔 집안 환경을 바꾸는 것이다.

가구를 없애는 것도 좋은 아이디어다. 운동 전문가 케이티 보먼의 열성팬들은 편안하게 앉는 대신 쪼그려 앉거나 무릎을 꿇고 앉을 수 있게 소파를 치우고, 바닥에 방석을 두고, 식탁 다리를 톱질한다.

정말 원하는 것이 아니라면 이렇게까지 할 필요는 없다. 하지만 바닥에서 더 많은 시간을 보내는 것이 좋은 목표임은 부정할 수 없다. 이유는 간단하다. 언젠가는 일어서야 하고, 이런 움직임은 체중 전체의 무게를 밀어 올리는 레그프레스 운동에 해당한다. 다리에 힘이 붙지 않을 수 없다. 쪼그린 자세에서 일어나는 움직임을 하루 종일 끊임없이 반복하면 균형 감각도 향상된다. 중년에 찾아오는 안정성의 상실을 늦춰주는 효과도 있다.

집에서 일을 하기 때문에 자유롭게 움직이고, 바닥에 앉고, 심지어는 컴퓨터 앞에서 스쿼트를 해도 아무도 이상하게 보지 않으니 정말 쉬운 일이다. 나는 위의 모든 일을 한다. 게다가 키가 150센티미터 정도인 나는 의자에 앉아도 바닥에 발이 잘 닫지 않기 때문에 발을 이런저런 식으로 깔고 앉아 있다. 때문에 자주 몸을 움직이고 또 주기적으로 자세를 바꾼다.

정적인 행동과 건강에 관해 상당히 최근에 이루어진 한 연구에서 제안한 방법에 따르면, 만약 이렇게 자주 움직이지 않거나 일에서 움직임이 필수적이지 않을 경우, 20~30분 정도마다 일어나서 움직이는 것을 목표로 삼아야 한다.[4] 분당 250단어의 속도로 책을 읽는 보통 사람이라면, 열 페이지 정도를 읽을 때마다 다리를 스트레칭해주거나 춤을 춰야 한다는 이야기다. 규칙적으로 운동하고 있다 하더라도, 하루 종일 앉아 있는 습관은 건강에 나쁘다는 것을 유념하라. 해답은 전체적으로 운동을 더 많이 하는 것이 아니라 조금씩 자주 움직이는 것이다.

무브냇팀은 다양한 '움직임 간식movement snacks'을 만들었다. 그들은 이 간식을 일상에 간간이 섞으라고 제안한다. 먹는 간식과 마찬가지로 움직임 간식은 알지 못하는 사이에 내 몸에 쌓이고, 몸에 뚜렷한 차이를 만들 수 있다. 무브냇이 공인한 간식에는 엎드려 기기, 얼굴을 위로 향한 게 자세, 손을 이용하지 않고 바닥에서 일어났다가 다시 앉기, 한 다리로 균형 잡기, 손가락 끝으로 문간에 매달리기 등이 있다. 사실 어떻게 움직이든 자리에서 일어나 움직이기만 한다면, 그것이 움직임 간식이다.

쉽게 우울함에 빠지거나 불안해지는 성격이라면 자신의 생각보다는 자신의 몸이 하는 이야기를 더 많이 들어줘야 한다. 몸에 주의를 기울이는 습관이 일상이 되면, 당신은 의식하지 않고도 자연스럽게 마음챙김을 하게 되고, 그러다 보면 어느새 부정적이고 쓸데없는 생각들에서 점점 멀어지게 된다.

소파에 오래 앉아 있었다 싶으면 동네를 한 바퀴 돌고 오자. 그것이 정 힘들다면 집 안 여기저기를 돌아다녀도 좋고, 잠깐 일어나 기지개를 펴도 좋다. 앉아 있거나 누워 있는 시간을 조금씩 줄이는 연습을 해보는 것이다. 움직임을 습관에 더하는 것은 꼭 일과에 더 많은 활동을 끼워 넣는 것을 의미하지 않는다. 조금이라도 움직이는 시간을 챙기다 보면 오히려 헬스장에서 고강도 운동을 하는 시간을 줄일 수 있고, 명상 같은 수련 시간을 가져야 한다는 부담감도 없앨 수 있다. 지금 당장 설거지나 신발 정리 같은 사소한 집안일을 하며 몸을 움직여보는 것은 어떨까. 책을 읽느라 계속 움직이지 않았으니 말이다. 움직이는 일이 조금씩이나마 자신을 변화시킬 수 있다는 믿음이 생긴다면, 집안일 하나를 하는 시간도 좀 더 자신에게 의미가 있는 시간이 될 것이다.

프롤로그

1. Hoffmann, B., Kobel, S., Wartha, O., Kettner, S., Dreyhaupt, J., and Steinacker, J. M., 'High sedentary time in children is not only due to screen media use: a cross-sectional study', BMC Pediatrics, 2019, vol. 19(1): 154.

2. Harvey, J. A., Chastin, S. F., and Skelton, D. A., 'How sedentary are older people? A systematic review of the amount of sedentary behavior', Journal of Aging and Physical Activity, 2015, vol. 23(3): 471.87.

3. Bakrania, K., Edwardson, C. L., Khunti, K., Bandelow, S.,Davies, M. J., and Yates. T., 'Associations between sedentary behaviours and cognitive function: cross-sectional and prospective findings from the UK biobank', American Journal of Epidemiology, 2018, vol. 187(3): 441.54.

4. Colzato, L. S., Szapora, A., Pannekoek, J. N., and Hommel, B., 'The impact of physical exercise on convergent and divergent thinking', Frontiers in Human Neuroscience, 2013, vol. 7: 824.

5. Smith, L., and Hamer, M., 'Sedentary behaviour and psychosocial health across the life course', in Sedentary Behaviour Epidemiology, ed. Leitzmann, M. F., Jochem, C., and Schmid, D., Springer Series on Epidemiology and Public Health (New York: Springer, 2017).

6. Teychenne, M., Costigan, S. A., and Parker K., 'The association between sedentary behaviour and risk of anxiety: a systematic review', BMC Public Health, 2015,

vol. 15: 513. Zhai, L., Zhang, Y., and Zhang, D., 'Sedentary behaviour and the risk of depression: a meta-analysis', British Journal of Sports Medicine, 2015, vol. 49(11): 705 – 9.

7. Smith and Hamer, 'Sedentary behaviour and psychosocial health across the life course'.

8. Haapala, E. A., Väistöa, J., Lintua, N., Westgate, K., Ekelund, U., Poikkeus, A.-M., Brage, S., and Lakka, T. A., 'Physical activity and sedentary time in relation to academic achievement in children', Journal of Science and Medicine in Sport, 2017, vol. 20: 583 – 9.

9. Biddle, S. J. H., Pearson, N., Ross, G. M., and Braithwaite, R., 'Tracking of sedentary behaviours of young people: a systematic review', Preventive Medicine, 2010, vol. 51: 345 – 51.

10. Falck, R. S., Davis, J. C., and Liu-Ambrose, T., 'What is the association between sedentary behaviour and cognitive function? A systematic review', British Journal of Sports Medicine, 2017, vol. 51(10): 800 – 11.

11. Lynn, R., 'Who discovered the Flynn effect? A review of early studies of the secular increase of intelligence', Intelligence, 2013, vol. 41(6): 765 – 9.

12. Dutton, E., der Linden, D., and Lynn, R., 'The negative Flynn Effect: a systematic literature review', Intelligence, 2016, vol. 59:163 – 9.

13. Lynn, R., 'New evidence for dysgenic fertility for intelligence in the United States', Social Biology, 1999, vol. 46: 146 – 53.

14. Rindermann, H., and Thompson, J., 'The cognitive competences of immigrant and native students across the world: an analysis of gaps, possible causes and impact', Journal of Biosocial Science, 2016, vol. 48(1): 66 – 93.

15. Ng, S. W., and Popkin, B. M., 'Time use and physical activity: a shift away from movement across the globe', Obesity Reviews, 2012, vol. 13: 659 – 80.

16. Claxton, G., Intelligence in the Flesh: Why Your Mind Needs Your Body Much More Than It Thinks (New Haven, CT: Yale University Press, 2015).

1. Llinás, R. R., I of the Vortex: From Neurons to Self (Cambridge, MA: MIT Press, 2001).

2. Barton, R. A., and Venditti, C., 'Rapid evolution of the cerebellum in humans and other great apes', Current Biology, 2014, vol. 24: 2440–44.

3. Halsey, L. G., 'Do animals exercise to keep fit?', Journal of Animal Ecology, 2016, vol. 85(3): 614–20.

4. Lieberman, D. The Story of the Human Body: Evolution, Health and Disease (New York: Pantheon Books, 2013).

5. Raichlen, D. A., and Alexander, G. E., 'Adaptive capacity: an evolutionary neuroscience model linking exercise, cognition and brain health', Trends in Neurosciences, 2017, vol. 40 (7): 408–21.

6. Osvath, M., 'Spontaneous planning for future stone throwing by a male chimpanzee', Current Biology, 2007, vol. 19(5): 190–91.

7. Raby, C. R., Alexis, D. M., Dickinson, A., and Clayton, N. S., 'Planning for the future by western scrub-jays', Nature, 2007, vol. 445: 919–21.

8. Held, R., and Hein, A., 'Movement-produced stimulation in the development of visually guided behavior', Journal of Comparative and Physiological Psychology, 1967, vol. 56 (5): 872–6.

9. O'Regan, J. K., Why Red Doesn't Sound like a Bell (New York: Oxford University Press, 2011).

10. Humphrey, N., 'Why the feeling of consciousness evolved', Your Conscious Mind: Unravelling the Greatest Mystery of the Human Brain, New Scientist Instant Expert series (London: John Murray, 2017), pp. 37–43.

11. Craig, A. D., 'How do you feel – now? The anterior insula and human awareness', Nature Reviews Neuroscience, 2009, vol. 10(1): 59–70.

2장

1. http://darwin-online.org.uk/EditorialIntroductions/vanWyhe_notebooks.html

2. Raichlen, D. A., and Alexander, G. E., 'Adaptive capacity: An evolutionary neuroscience model linking exercise, cognition and brain health', Trends in Neurosciences, 2017, vol. 40(7): 408-21.

3. Raichlen, D. A., Foster, A. D., Gerdeman, G. L., Seillier, A., and Giuffrida, A., 'Wired to run: exercise-induced endocannabinoid signaling in humans and cursorial mammals with implications for the "runner's high"', Journal of Experimental Biology, 2012, vol. 215: 1331-6.

4. Lee, D. Y., Na, D. L., Seo, S. W., Chin, J., Lim, S. J., Choi, D., Min, Y. K., and Yoon, B. K., 'Association between cognitive impairment and bone mineral density in postmenopausal women', Menopause, 2012, vol. 19(6): 636-41.

5. Berger, J. M., Singh, P., Khrimian, L., Morgan, D. A., Chowdhury, S., Arteaga-Solis, E., Horvath, T. L., Domingos, A. I., Marsland, A. L., Yadav, V. K., Rahmouni, K., Gao, X.-B., and Karsenty, G., 'Mediation of the acute stress response by the skeleton', Cell Metabolism, 2019, vol. 30: 1-13.

6. https://www.ambrosiaplasma.com

7. https://www.fda.gov/BiologicsBloodVaccines/SafetyAvailability/ucm631374.htm

8. https://onezero.medium.com/exclusive-ambrosia-the-youngblood-transfusion-startup-is-quietly-back-in-businessee2b7494b417

9. Source: aabb.org (Blood FAQ: 'Who donates blood?' [accessed 16 August 2020]).

10. Lakoff, G., and Johnson, M., Metaphors We Live By (Chicago, IL: Chicago University Press, 1980).

11. Miles, L. K., Karpinska, K., Lumsden, J., and Macrae, C. N., 'The meandering mind: vection and mental time travel', PLoS One, 2010, vol. 5(5): e10825.

12. Yun, L., Fagan, M., Subramaniapillai, M., Lee, Y., Park, C., Mansur, R. B., McIntyre, R. S., Faulkner, G. E. J., 'Are early increases in physical activity a behavioral marker for successful antidepressant treatment?', Journal of Affective Disorders, 2020, vol.

260: 287–91.

13. Michalak, J., Troje, N. F., Fischer, J., Vollmar, P., Heidenreich, T., and Schulte, D., 'Embodiment of sadness and depression gait patterns associated with dysphoric mood', Psychosomatic Medicine, 2009, vol. 71(5): 580–87.

14. Michalak, J., Rohde, K., Troje, N. F., 'How we walk affects what we remember: gait modifications through biofeedback change negative affective memory bias', Journal of Behavior Therapy and Experimental Psychiatry, 2015, vol. 46: 121–5.

15. Darwin, F., Rustic Sounds, and Other Studies in Literature and Natural History (London: John Murray, 1917).

16. Dijksterhuis, A., and Nordgren, L. F., 'A theory of unconscious thought', Perspectives on Psychological Science, 2006, vol. 1(2): 95–109.

17. Dijksterhuis, A., 'Think different: the merits of unconscious thought in preference development and decision making', Journal of Personality and Social Psychology, 2004, vol. 87(5): 586–98.

18. Chrysikou, E. G., Hamilton, R. H., Coslett, H. B., Datta, A., Bikson, M., and Thompson-Schill, S. L., 'Noninvasive transcranial direct current stimulation over the left prefrontal cortex facilitates cognitive flexibility in tool use', Cognitive Neuroscience, 2013, vol. 4(2): 81–9.

19. For a full account of this experiment see my previous book, Override (London: Scribe, 2017). Published in the US as My Plastic Brain (Buffalo, NY: Prometheus, 2018).

20. Oppezzo, M., and Schwartz, D. L., 'Give your ideas some legs: the positive effect of walking on creative thinking', Journal of Experimental Psychology: Learning, Memory, and Cognition, 2014, vol. 40(4): 1142–52.

21. Plambech, T., and Konijnendijk van den Bosch, C. C., 'The impact of nature on creativity – a study among Danish creative professionals', Urban Forestry & Urban Greening. 2015, vol. 14 (2): 255–63.

22. https://www.ramblers.org.uk/advice/facts-and-stats-aboutwalking/participation-in-walking.aspx

23. Bloom, N., Jones, C. I., Van Reenen, J., and Webb, M., Are Ideas Getting Harder To Find? Working Paper 23782, National Bureau of Economic Research, 2017. https://www.nber.org/papers/w23782

3장

1. Barrett Holloway, J., Beuter, A., and Duda, J. L., 'Self-efficacy and training for strength in adolescent girls', Journal of Applied Social Psychology, 1988, vol. 18(8): 699–719.

2. Fain, E., and Weatherford, C., 'Comparative study of millennials' (age 20–34 years) grip and lateral pinch with the norms', Journal of Hand Therapy, 2016, vol. 29(4): 483–8.

3. Sandercock, G. R. H., and Cohen, D. D., 'Temporal trends in muscular fitness of English 10-year-olds 1998–2014: an allometric approach', Journal of Science and Medicine in Sport, 2019, vol. 22(2): 201–5.

4. https://www.ncbi.nlm.nih.gov/pmc/articles/PMC5068479/

5. Damasio, A., The Feeling of What Happens: Body, Emotion and the Making of Consciousness (London: Vintage, 2000), p. 150.

6. Barrett, L., Beyond the Brain: How Body and Environment Shape Animal and Human Minds (Princeton, NJ: Princeton University Press, 2011), p. 176.

7. Damasio, The Feeling of What Happens.

8. Alloway, R. G., and Packiam Alloway, T., 'The working memory benefits of proprioceptively demanding training: a pilot study', Perceptual and Motor Skills, 2015, vol.120(3): 766–75.

9. Van Tulleken, C., Tipton, M., Massey, H., and Harper, C. M., 'Open water swimming as a treatment for major depressive disorder', BMJ Case Reports 2018, article 225007.

10. Roach, N. T., and Lieberman, D. E., 'Upper body contributions to power

generation during rapid, overhand throwing in humans', Journal of Experimental Biology, 2014, vol. 217: 2139 – 49.

11. https://youtu.be/HUPeJTs3JXw?t=2585 The crouch–somersaultcrouch segment happens at 43.05 mins.

12. Schleip, R., and Müller, D. G., 'Training principles for fascial connective tissues: scientific foundation and suggested practical applications', Journal of Bodywork and Movement Therapies, 2013, vol. 17(1): 103 – 15.

13. Bond, M. M., Lloyd, R., Braun, R. A., and Eldridge, J. A., 'Measurement of strength gains using a fascial system exercise program', International Journal of Exercise Science, 2019, vol.12(1): 825 – 38.

14. https://uk.news.yahoo.com/brutal–martial–art–savedcomplex–114950334.html.

15. Janet, P., Psychological Healing: A Historical and Clinical Study (London: Allen and Unwin, 1925).

16. Rosenbaum, S., Sherrington, C., and Tiedemann, A., 'Exercise augmentation compared with usual care for posttraumatic stress disorder: a randomized controlled trial', Acta psychiatrica scandinavica, 2015, vol. 131(5): 350 – 59; Rosenbaum, S., Vancampfort, D., Steel, Z., Newby, J., Ward, P. B., and Stubbs, B., 'Physical activity in the treatment of post–traumatic stress disorder: a systematic review and metaanalysis', Psychiatry Research, 2015, vol. 230(2): 130 – 36.

17. Gene–Cos, N., Fisher, J., Ogden, P., and Cantrell, A., 'Sensorimotor psychotherapy group therapy in the treatment of complex PTSD', Annals of Psychiatry and Mental Health, 2016, vol. 4(6): 1080.

18. Ratey, J., and Hagerman, E., Spark! How Exercise Will Improve the Performance of Your Brain (London: Quercus, 2008), p. 107.

19. Mukherjee, S., Clouston, S., Kotov, R., Bromet, E., and Luft, B., 'Handgrip strength of World Trade Center (WTC) responders: the role of re–experiencing posttraumatic stress disorder (PTSD) symptoms', International Journal of Environmental Research and Public Health, 2019, vol. 16(7): 1128.

20. Clouston, S. A. P., Guralnik, J., Kotov, R., Bromet, E., and Luft, B. J., 'Functional

limitations among responders to the World Trade Center attacks 14 years after the disaster: implications of chronic posttraumatic stress disorder', Journal of Traumatic Stress, 2017, vol. 30(5): 443−52.

4장

1. Source:https://www.statista.com/statistics/756629/dance-step-and-other-choreographed-exercise-participantsus/#statisticContainer
2. Aviva UK Health Check Report, spring 2014.
3. Hanna, J. L., 'Dancing: a nonverbal language for imagining and learning', Encyclopedia of the Sciences of Learning, ed. Seel, N.M. (Boston, MA: Springer, 2012).
4. Neave, N., McCarty, K., Freynik, J., Caplan, N., Hönekopp J., and Fink, B., 'Male dance moves that catch a woman's eye', Biology Letters, 2011, vol. 7(2), 221−4.
5. At the rock shelters of Bhimbetka in central India.
6. Winkler, I., Háden, G. P., Ladinig, O., Sziller, I., and Honing, H., 'Newborn infants detect the beat in music', PNAS, 2009, vol.106(7): 2468−71.
7. Lewis, C., and Lovatt, P. J., 'Breaking away from set patterns of thinking: improvisation and divergent thinking', Thinking Skills and Creativity, 2013, vol. 9: 46−58.
8. Gebauer, L., Kringelbach, M. L., and Vuust, P., 'Everchanging cycles of musical pleasure: the role of dopamine and anticipation', Psychomusicology: Music, Mind, and Brain, 2012, vol. 22(2): 152−67.
9. Bengtsson, S. L., Ullén, F., Ehrsson, H. H., Hashimoto, T., Kito, T., Naito, E., Forssberg, H., and Sadato, N., 'Listening to rhyt-hms activates motor and premotor cortices', Cortex, 2009, vol. 45(1): 62−71.
10. MacDougall, H., and Moore, S., 'Marching to the beat of the same drummer: the spontaneous tempo of human locomotion', Journal of Applied Physiology, 2005,

vol. 99: 1164.

11. Moelants, D., 'Preferred tempo reconsidered', Proceedings of the 7th International Conference on Music and Cognition, ed. Stevens, C., Burnham, D., McPherson, G., Schubert, E., and Renwick, J. (Adelaide: Causal Productions, 2002).

12. Fitch, W. T., 'The biology and evolution of rhythm: unravelling a paradox', Language and Music as Cognitive Systems, ed. Rebuschat, P., Rohmeier, M., Hawkins, J. A., and Cross, I. (Oxford: Oxford University Press, 2011).

13. Patel, A. D., Iversen, J. R., Bregman, M. R., and Schulz, I., 'Experimental evidence for synchronization to a musical beat in a nonhuman animal', Current Biology, 2008, vol. 19(10): 827 – 30. Snowball, the dancing cockatoo: https://www. youtube.com/watch?v=N7IZmRnAo6s

14. Tarr, B., Launay, J., and Dunbar, R. I. M., 'Music and social bonding: 'self-other' merging and neurohormonal mechanisms', Frontiers in Psychology, 2014, vol. 5: 1096.

15. McNeill, W. H., Keeping Together in Time: Dance and Drill in Human History (Cambridge, MA: Harvard University Press, 1995).

16. Cirelli, L., Wan, S. J., and Trainor, L. J., 'Fourteen-monthold infants use interpersonal synchrony as a cue to direct helpfulness', Philosophical Transactions of the Royal Society, B, 2014, vol. 369(1658).

17. Honkalampi, K., Koivumaa-Honkanen, H., Tanskanen, A., Hintikka, J., Lehtonen, J., and Viinamäki, H., 'Why do alexithymic features appear to be stable? A 12-month follow-up study of a general population', Psychotherapy and Psychosomatics, 2001, vol. 70: 247.

18. Di Tella, M., and Castelli, L., 'Alexithymia and fibromyalgia: clinical evidence', Frontiers in Psychology, 2013, vol. 4: 909.

19. Jeong, Y., and Hong, S., 'Dance movement therapy improves emotional responses and modulates neurohormones in adolescents with mild depression', International Journal of Neuroscience, 2005, vol. 115: 1711.

20. Bojner Horwitz, E., Lennartsson, A-K, Theorell, T. P. G., and Ullén, F.,

'Engagement in dance is associated with emotional competence in interplay with others', Frontiers in Psychology, 2015, vol. 6, article 1096.

21. Campion, M., and Levita, L., 'Enhancing positive affect and divergent thinking abilities: play some music and dance', Journal of Positive Psychology, 2013, vol. 9: 137.

22. Spoor, F., Wood, B., and Zonneveld, F., 'Implications of early hominid labyrinthine morphology for evolution of human bipedal locomotion', Nature, 1994, vol. 23: 645.

23. Todd, N., and Cody, F., 'Vestibular responses to loud dance music: a physiological basis of the "rock and roll threshold"?', Journal of the Acoustic Society of America, 2000, vol. 107: 496.

24. Todd, N., and Lee, C., 'The sensory-motor theory of rhythm and beat induction 20 years on: a new synthesis and future perspectives', Frontiers in Human Neuroscience, 2015, vol. 9, article 444.

5장

1. Pilates, J., and Miller, J. M., Return to Life through Contrology (New York: J. J. Augustin, 1945).

2. Middleton, F. A., and Strick, P. L., 'Anatomical evidence for cerebellar and basal ganglia involvement in higher cognitive function', Science 1994, vol. 266: 458–61.

3. Tallon-Baudry, C., Campana, F., Park, H. D., and Babo-Rebelo, M., 'The neural monitoring of visceral inputs, rather than attention, accounts for first-person perspective in conscious vision', Cortex, 2018, vol. 102: 139–49.

4. Stoffregen, T. A., Pagulayan, R. J., Bardy, B. B., and Hettinger, L. J., 'Modulating postural control to facilitate visual performance', Human Movement Science, 2000, vol. 19 (2):203–20.

5. From WHO: https://www.who.int/news-room/fact-sheets/detail/falls

6. Balogun, J. A., Akindele, K. A., Nihinlola, J. O., and Marzouk, D. K., 'Age-related changes in balance performance', Disability and Rehabilitation, 1994, vol. 16(2): 58–62.

7. Wayne, P. M., Hausdorff, J. M., Lough, M., Gow, B. J., Lipsitz Novak, L. V., Macklin, E. A., Peng, C.-K., and Manor, B., 'Tai chi training may reduce dual task gait variability, a potential mediator of fall risk, in healthy older adults: cross-sectional and randomized trial studies', Frontiers in Human Neuroscience, 2015, vol. 9: 332.

8. Feldman, R., Schreiber, S., Pick, C. G., and Been, E., 'Gait, balance and posture in major mental illnesses: depression, anxiety and schizophrenia', Austin Medical Sciences, 2020, vol.5(1): 1039.

9. Carney, D. R., Cuddy, A. J., and Yap, A. J., 'Power posing:brief nonverbal displays affect neuroendocrine levels and risk tolerance', Psychological Science, 2010, vol. 21(10): 1363–8.

10. https://faculty.haas.berkeley.edu/dana_carney/pdf_My%20 position%200n%20 power%20poses.pdf

11. Jones, K. J., Cesario, J., Alger, M., Bailey, A. H., Bombari, D.,Carney, D., Dovidio, J. F., Duffy, S., Harder, J. A., van Huistee, D., Jackson, B., Johnson, D. J., Keller, V. N., Klaschinski, L.,LaBelle, O., LaFrance, M., Latu, I. M., Morssinkhoff, M.,Nault, K., Pardal, V., Pulfrey, C., Rohleder, N., Ronay, N.,Richman, L. S., Schmid Mast, M., Schnabel, K., Schröder-Abé, M., and Tybur, J. M. Power poses – where do we stand?',Comprehensive Results in Social Psychology, 2017, vol. 2(1):139–41.

12. Osypiuk, K., Thompson, E., and Wayne, P. M., 'Can tai chi and qigong postures shape our mood? Toward an embodied cognition framework for mind–body research', Frontiers in Human Neuroscience, 2018, vol. 12, article 174; https://www.ncbi.nlm.nih.gov/pmc/articles/PMC5938610/pdf/fnhum-12–00174.pdf.

13. Kraft, T. L., and Pressman, S. D., 'Grin and bear it: the influence of manipulated facial expression on the stress response', Psychological Science, 2012, vol. 23(11):

1372 - 8.

14. Wagner, H., Rehmes, U., Kohle, D., and Puta, C., 'Laughing: a demanding exercise for trunk muscles', Journal of Motor Behaviour, 2014, vol. 46(1): 33 - 7.

15. Weinberg, M. K., Hammond, T. G., and Cummins, R. A., 'The impact of laughter yoga on subjective well-being: a pilot study', European Journal of Humour Research, 2014, vol. 1 (4): 25 - 34.

16. Bressington, D., Mui, J., Yu, C., Leung, S. F., Cheung, K., Wu, C. S. T., Bollard, M., and Chien, W. T., 'Feasibility of a groupbased laughter yoga intervention as an adjunctive treatment for residual symptoms of depression, anxiety and stress in people with depression', Journal of Affective Disorders, 2019, vol. 248:42 - 51.

17. Schumann, D., Anheyer, D., Lauche, R., Dobos, G., Langhorst, J., and Cramer, H., 'Effect of yoga in the therapy of irritable bowel syndrome: a systematic review', Clinical Gastroenterology and Hepatology, 2016 vol. 14(12): 1720 - 31.

18. Lioscki, D. B., da Silva Nagata, I. F., Silvano, G. A., Zanella, K., and Schneider, R. H., 'Influence of a Pilates exercise program on the quality of life of sedentary elderly people: a randomized clinical trial', Journal of Bodywork and Movement Therapies, 2019, vol. 23(2): 390 - 93.

6장

1. Langevin, H. M., and Yandrow, J. A., 'Relationship of acupuncture points and meridians to connective tissue planes', The Anatomical Record, 2002, vol. 269: 257 - 65.

2. Langevin, H. M., Bouffard, N. A., Badger, G. J., Churchill, D. L., and Howe, A. K., 'Subcutaneous tissue fibroblast cytoskeletal remodeling induced by acupuncture: evidence for a mechanotransduction-based mechanism', Journal of Cellular Physiology, 2006, vol. 207(3): 767 - 74.

3. Di Virgilio, F., and Veurich, M., 'Purinergic signaling in the immune system',

Autonomic Neuroscience, 2015, vol. 191:117 – 23. See also: Dou, L., Chen, Y. F., Cowan, P. J., and Chen, X. P., 'Extracellular ATP signaling and clinical relevance', Clinical Immunology, 2018, vol. 188: 67 – 73.

4. Liu, Y. Z., Wang, Y. X., and Jiang, C. L., 'Inflammation: the common pathway of stress-related diseases', Frontiers in Human Neuroscience, 2017, vol. 11: 316.

5. Falconer, C. L., Cooper, A. R., Walhin, J. P., Thompson, D., Page, A. S., Peters, T. J., Montgomery, A. A., Sharp, D. J., Dayan, C. M., and Andrews, R. C., 'Sedentary time andmarkers of inflammation in people with newly diagnosed type 2 diabetes', Nutrition, Metabolism and Cardiovascular Diseases, 2014, vol. 24(9): 956 – 62.

6. Franceschi, C., Garagnani, P., Parini, P., Giuliani, C., and Santoro, A., 'Inflammaging: a new immune-metabolic viewpoint for age-related diseases', Nature Reviews Endocrinology, 2018, vol. 14(10): 576 – 90.

7. Kiecolt-Glaser, J. K., Christian, L., Preston, H., Houts, C. R., Malarkey, W. B., Emery, C. F., and Glaser, R., 'Stress, inflammation, and yoga practice', Psychosomatic Medicine, 2010, vol. 72(2): 113 – 21.

8. Berrueta, L., Muskaj, I., Olenich, S., Butler, T., Badger, G. J., Colas, R. A., Spite, M., Serhan C. N., and Langevin, H. M., 'Stretching impacts inflammation resolution in connective tissue', Journal of Cell Physiology, 2016, vol. 231(7): 1621 – 7.

9. Serhan, C. N., and Levy, B. D., 'Resolvins in inflammation: emergence of the pro-resolving superfamily of mediators', Journal of Clinical Investigation, 2018, vol. 128(7): 2657 – 69.

10. Benias, P. C., Wells, R. G., Sackey-Aboagye, B., Klavan, H., Reidy, J., Buonocore, D., Miranda, M., Kornacki, S., Wayne, M., Carr-Locke, D. L., and Theise, N. D., 'Structure and distribution of an unrecognized interstitium in human tissues', Scientific Reports, 2018, vol. 8(1): 4947.

11. https://www.researchgate.net/blog/post/interstitium

12. Panchik, D., Masco, S., Zinnikas, P., Hillriegel, B., Lauder, T., Suttmann, E., Chinchilli, V., McBeth, M., and Hermann, W., 'Effect of exercise on breast cancer-related lymphedema: what the lymphatic surgeon needs to know', Journal

of Reconstructive Microsurgery, 2019, vol. 35(1): 37 – 45.

13. Eccles, J. A., Beacher, F. D., Gray, M. A., Jones, C. L., Minati, L., Harrison, N. A., and Critchley, H. D., 'Brain structure and joint hypermobility: relevance to the expression of psychiatric symptoms', British Journal of Psychiatry, 2012, vol. 200(6):508 – 9.

14. Mallorquí-Bagué, N., Garfinkel, S. N., Engels, M., Eccles, J. A., Pailhez, G., Bulbena, A., Critchley, H. D., 'Neuroimaging and psychophysiological investigation of the link between anxiety, enhanced affective reactivity and interoception in people with joint hypermobility', Frontiers in Psychology, 2014, vol. 5: 1162.

15. https://www.medrxiv.org/content/10.1101/19006320v1

16. Mahler, K. Interoception, the Eighth Sensory System (Shawnee, KS: AAPC Publishing, 2016).

7장

1. There are a few examples of basic breath control in humanraised apes, including Koko the gorilla, who learned to play the harmonica and recorder, plus a captive orang-utan named Bonnie who worked out how to whistle by copying her keepers. Neither showed any ambitions for world domination, however. See: Perlman, M., Patterson, F. G., and Cohn, R. H., 'The human-fostered gorilla Koko shows breath control in play with wind instruments', Biolinguistics, 2012, vol. 6(3 - 4): 433 – 44.

2. Li, P., Janczewski, W. A., Yackle, K., Kam, K., Pagliardini, S., Krasnow, M. A., and Eldman, J. L., 'The peptidergic control circuit for sighing', Nature, 2016, vol. 530(7590): 293 – 7.

3. Vlemincx, E., Van Diest, I., Lehrer, P. M., Aubert, A. E., and Van den Bergh, O., 'Respiratory variability preceding and following sighs: a resetter hypothesis', Biological Psychology, 2010, vol. 84(1): 82 – 7.

4. MacLarnon, A. M., and Hewitt, G. P., 'The evolution of human speech: the role of enhanced breathing control', American Journal of Physical Anthropology, 1999, vol. 109(3): 341–63.

5. Heck, D. H., McAfee, S. S., Liu, Y., Babajani–Feremi, A., Rezaie, R., Freeman, W. J., Wheless, J. W., Papanicolaou, A. C., Ruszinkó, M., Sokolov, Y., and Kozma, R., 'Breathing as a fundamental rhythm of brain function', Frontiers in Neural Circuits, 2017, vol. 10: 115. Tort, A. B. L., Brankačk, J., and Draguhn, A. Respiration–entrained brain rhythms are global but often overlooked. Trends in Neurosciences, 2018, vol. 41(4): 186–97.

6. Zaccaro, A., Piarulli, A., Laurino, M., Garbella, E., Menicucci, D., Neri, B., and Gemignani, A., 'How breath–control can change your life: a systematic review on psycho–physiological correlates of slow breathing', Frontiers in Human Neuroscience, 2018, vol. 7(12): 353.

7. Bernardi, L., Sleight, P., Bandinelli, G., Cencetti, S., Fattorini, L., Wdowczyc–Szulc, J., and Lagi, A., 'Effect of rosary prayer and yoga mantras on autonomic cardiovascular rhythms: comparative study', BMJ, 2001, vol. 323(7327): 1446–9.

8. Bernardi, L., Spadacini, G., Bellwon, J., Hajric, R., Roskamm, H., and Frey, A. W., 'Effect of breathing rate on oxygen saturation and exercise performance in chronic heart failure', Lancet, 1998, vol. 351(9112): 1308–11.

9. Chung, S. C., Kwon, J. H., Lee, H. W., Tack, G. R., Lee, B., Yi, J. H., and Lee, S. Y., 'Effects of high concentration oxygen administration on n–back task performance and physiological signals', Physiological Measurement, 2007, vol. 28(4): 389–96.

10. Noble, D. J., and Hochman, S., 'Hypothesis: pulmonary afferent activity patterns during slow, deep breathing contribute to the neural induction of physiological relaxation', Frontiers in Physiology, 2019, vol. 13(10): 1176.

11. Yasuma, F., and Hayano, J., 'Respiratory sinus arrhythmia: why does the heartbeat synchronize with respiratory rhythm?', Chest, 2004, vol. 125(2): 683–90.

12. Payne, P., and Crane–Godreau, M. A., 'Meditative movement for depression and anxiety', Frontiers in Psychiatry, 2013, vol. 4, article 71.

8장

1. Khan, Z., and Bollu, P. C., 'Fatal familial insomnia', StatPearls (Treasure Island, FL: StatPearls Publishing, 2020).

2. Fultz, N. E., Bonmassar, G., Setsompop, K., Stickgold, R.A., Rosen, B. R., Polimeni, J. R., and Lewis, L. D., 'Coupled electrophysiological, hemodynamic, and cerebrospinal fluid oscillations in human sleep', Science, 2019, vol. 366(6465): 628−31.

3. Besedovsky, L., Lange, T., and Born, J., 'Sleep and immune function', Pflugers Arch., 2012, vol. 463(1): 121−37.

4. Recommended amount of sleep for a healthy adult: a joint consensus statement of the American Academy of Sleep Medicine and Sleep Research Society, Sleep, 2015, vol. 38(6): 843−4.

5. Hammond, C., and Lewis, G., 'The rest test: preliminary findings from a large-scale international survey on rest', The Restless Compendium: Interdisciplinary Investigations of Rest and Its Opposites, ed. Callard, F., Staines, K., and Wilkes, J. (London: Palgrave Macmillan, 2016).

6. Hammond, C., The Art of Rest: How to Find Respite in the Modern Age (Edinburgh: Canongate, 2019).

9장

1. Pontzer, H., Raichlen, D. A., Wood, B. M., Mabulla, A. Z. P., Racette, B., and Marlowe, F. W., 'Hunter−gatherer energetics and human obesity', PLoS One, 2012, vol. 7(7): e40503.

2. Reid, G., 'Disentangling what we know about microbes and mental health', Frontiers in Endocrinology, 2019, vol. 10: 81.

3. Williams, C., 'How to trick your mind to break bad habits and reach your goals',

New Scientist, 24 July 2019.

4. Diaz, K. M., Howard, V. J., Hutto, B., Colabianchi, N., Vena, J. E., Safford, M. M., Blair, S. N., and Hooker, S. P., 'Patterns of sedentary behavior and mortality in U.S. middle-aged and older adults: a national cohort study', Annals of Internal Medicine, 2017, vol. 167(7): 465–75.

옮긴이 **이영래**

이화여자대학교 법학과를 졸업하고 리츠칼튼 서울에서 리셉셔니스트로, 이수그룹 비서 팀에서 비서로 근무했으며, 현재 번역에이전시 엔터스코리아에서 전문 번역가로 활동하고 있다. 주요 역서로는 『파타고니아, 파도가 칠 때는 서핑을』 『사업을 한다는 것』 『당신의 의사도 모르는 11가지 약의 비밀』 『넥스트 아프리카』 『코드 경제학』 『플랜트 패러독스』 『알리바바』 『플씽크 어게인』 『시간 전쟁』 『고독한 나에게』 『부의 심리학』 『씽크 어게인』 등이 있다.

움직임의 뇌과학

초판 1쇄 발행 2021년 12월 5일
초판 5쇄 발행 2023년 3월 27일

지은이 캐럴라인 윌리엄스 **옮긴이** 이영래

발행인 이재진 **단행본사업본부장** 신동해
책임편집 이혜인 **디자인** 정은경디자인
마케팅 최혜진 이은미 **홍보** 반여진 허지호 정지연
제작 정석훈

브랜드 갤리온
주소 경기도 파주시 회동길 20
문의전화 031-956-7208(편집) 02-3670-1123(마케팅)
홈페이지 www.wjbooks.co.kr
인스타그램 www.instagram.com/woongjin_readers
페이스북 https://www.facebook.com/woongjinreaders
블로그 blog.naver.com/wj_booking

발행처 ㈜웅진씽크빅
출판신고 1980년 3월 29일 제406-2007-000046호

ISBN 978-89-01-25453-1 03400

· 갤리온은 ㈜웅진씽크빅 단행본사업본부의 브랜드입니다.
· 책값은 뒤표지에 있습니다.
· 잘못된 책은 바꾸어 드립니다.